赤レンガを守った経営者たち

富岡製糸場　世界遺産への軌跡

佐滝剛弘

上毛新聞社

はじめに

二〇一四(平成二十六)年六月に世界文化遺産への登録を果たした群馬県の富岡製糸場。ここを訪れる見学客がまず目にするのは、正門を入った正面に横たわる巨大な倉庫の通路の上に掲げられた「明治五年」のキーストーンであろう。そして、場内の有料ガイドの解説でも、強調されるのは、「日本で初めての官営器械製糸場」であることと、創業前後のエピソード、例えば当初は技術指導に来ているフランス人が飲む赤ワインが「生き血」に誤解され、なかなか工女が集まらなかったといった一五〇年近く前ならではの挿話である。建築資材を集める苦労やメートル法に慣れない日本の大工の苦闘、日曜にきっちり休みがあり、夕方には仕事を終えた、『女工哀史』とはほど遠い創業後の工女たちの仕事ぶりなども比較的丁寧に説明される。

しかし、富岡製糸場の一一五年に及ぶ稼働期間のうち、官営期はわずか二一年に過ぎず、残りの百年近くは、いくつかの民間企業の手で運営されてきたことは、ガイドからもあまり詳しい説明はない。

とりわけ、富岡製糸場の世界遺産への登録理由である「製糸の技術革新」が最も進んだのは、官営を継いだ「三井(組)」・「原合名会社」時代であり、この二社を率いた益田孝と原富太郎は、それぞれ「鈍翁《どんのう》」・「三溪《さんけい》」の号を持つ当時有数の文化人で、ともに、「近代三大茶人」といわれるほどの数寄者であったこともあまり注目されていない。また、三社目の「片倉製糸紡績(のちに片倉工業)」も、閉鎖後の工場の保存・維持だけでなく、戦前から社員の待遇や地域への貢献、あるいは文化の継承という点で、卓越した先進性を有した、今でいう「メセナ企業」であった。

富岡製糸場は、経営者が代わるたびに、改築や取り壊しの危機にさらされたはずだが、それぞれの所有者の傑出した「文化力」があったからこそ、二一世紀まで明治初期の時代の息吹をきちんと保存し、世界遺産の栄誉を手にしたのである。

本書では、富岡製糸場というバトンを引き継いだ者たち、すなわち、官営期に富岡製糸場の創業や経営にかかわった明治政府の重鎮や現場で指揮を執った場長たち、三井物産の創始者益田孝をはじめとする三井組の経営者たち、横浜貿易界のリーダーとして一時代を築いた原富太郎、そして、片倉を世界最大の製糸会社に育てあげた片倉兼太郎ら片倉一族にスポットを当て、いずれも群馬県外出身の傑物が富岡製糸場の価値に気づき、次世代へとつないだ実相を明らかにすることで、あらためて富岡製糸場の存在意義を確認してみたい。そこには、製糸業だけでなく、日本の産業全体の近代化への躍進と苦悩の物語が秘められており、富岡製糸場がいかに日本の近代産業の黎明から発展そして衰退への遷移を示しているかが浮かび上がってくるからである。

各時代の富岡製糸場の経営状況や事業運営などについては、これまでも概観する本が出ているので、この書では「富岡製糸場にかかわった企業・人物」の社風や人となりをできるだけ具体的なエピソードで綴り、様々な思いの詰まったバトンリレーがあったからこそ、製糸場が今につながったことを感じてもらえればと思う。

なお、「富岡製糸場」の表記については、時期によって「富岡製糸場」「富岡製糸所」「富岡工場」と名称が変わるが、一般的な呼称としてできるだけ「富岡製糸場」という表現を用いている。したがって、そのときの正式名称とは異なっていることもある。

また、旧仮名遣いはやむをえない「引用」の部分を除いては、できるだけ現代の仮名遣いに改めている。また、漢字表記も読みやすいようできるだけ常用漢字に改めていることをお断りさせていただく。掲載の写真・資料については、撮影者、資料提供者のお名前があるものを除いて、著者が撮影している。

もくじ

第二章　「三井」の華麗な人脈

第三章　「原合名会社」と原三溪

第四章　「片倉製糸」と片倉兼太郎

第五章　世界遺産への道のりと今後の課題

●富岡製糸場の経営母体の変遷

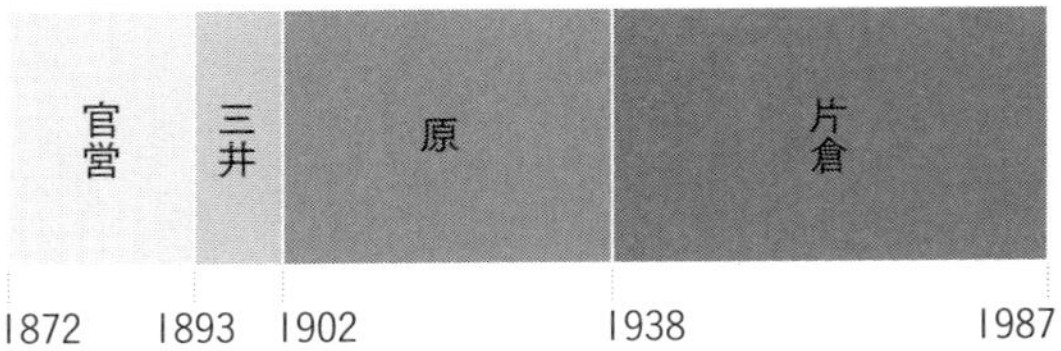

●富岡製糸場の工場長一覧

①官営時代	初代	尾高 惇忠	明5.10 ～ 明9.11
	2代	山田 令行	明9.11 ～ 明12.3
	3代	速水 堅曹	明12.3 ～ 明13.11
	4代	岡野 朝治	明13.12 ～ 明18.2
	5代	速水 堅曹	明18.2 ～ 明26.10
②三井時代	6代	津田 興二	明26.10 ～ 明29.5
	7代	小出 収	明29.5 ～ 明30.3
	8代	藤原銀次郎	明30.3 ～ 明31.9
	9代	小出 収	明31.9 ～ 明32.3
	10代	津田 興二	明32.3 ～ 明35.9
③原時代	11代	津田 興二	明35.9 ～ 明38.11
	12代	古郷 時待	明38.11 ～ 明42.2
	13代	大久保佐一	明42.2 ～ 昭8.12
	14代	横山 秀昭	昭8.12 ～ 昭13.7
④片倉時代	15代	尾沢 虎雄	昭13.7 ～ 昭15.8
	16代	紺野 新一	昭15.8 ～ 昭16.4
	17代	矢崎 京二	昭16.4 ～ 昭21.8
	18代	西本 清	昭21.8 ～ 昭22.4
	19代	坂出董太郎	昭22.4 ～ 昭27.3
	20代	福沢 金一	昭27.3 ～ 昭30.2
	21代	鈴木 正一	昭30.2 ～ 昭33.6
	22代	江島 正巳	昭33.6 ～ 昭43.1
	23代	坂根 定信	昭43.1 ～ 昭44.2
	24代	松崎 昇平	昭44.2 ～ 昭47.3
	25代	佐用 満男	昭47.3 ～ 昭54.3
	26代	福元 昶	昭54.3 ～ 昭60.3
	27代	橘高 辰巳	昭60.3 ～ 昭62.3

序章　「富岡製糸場」をめぐる新たな視点

世界遺産登録後、知名度が増した「富岡」

「富岡」という地名は、全国各地にあるが、そのうち、一定の広域エリアである程度知られているのは、福島県富岡町、群馬県富岡市、徳島県阿南市富岡町の三カ所である。

福島県の富岡町は、太平洋に面した「浜通り」の中部にあり、東京電力福島第二原子力発電所が立地する、福島の原発銀座の中心に位置する。二〇一一年の東日本大震災による原子力発電所の事故により、町域全体が避難区域となり、皮肉なことに全国的な知名度が一気に上昇した。富岡と聞いて、まずこちらの「原発事故の被災地、富岡」を連想する方は今も少なくないだろう。

一方、阿南市にある富岡町は、県庁所在地である徳島市に次いで徳島県で二番目に人口の多い阿南市の中心部の地名で、市役所やＪＲの阿南駅も富岡町にある。富岡町は、一八八九年の市町村制施行時に那賀郡富岡村として成立、一九〇五年の町制施行に伴って富岡町となり、第二次大戦後の一九五八年に隣の橘町と合併して「阿波（徳島県の旧国名）の南」を意味する阿南市となるまで、独立した「富岡町」という自治体であった。以前は、「阿波富岡」と名乗っていた当時の国鉄の駅は、一九六六年に現在の「阿南」に改称されたものの、今も「富岡東高校」「富岡西高校」といった学校名などに「富岡」の名が残っている。

群馬県の富岡市は、ＪＲの路線は通っていないものの、上信越自動車道の富岡インターチェンジがあるため、マイカーを所有しラジオの交通情報に馴染んでいる関東甲信越の方にはそこそこの知名度の町であったが、全国規模で知られた町かといえば、これまでは決してそうは言えなかった。

このように、三つの富岡はいずれも、これまで日本人なら誰もが知っているという地名ではなく、東日本大震災後は、原発事故による避難のニュースで、福島の富岡が一番知られるような状況であったが、二〇一四年の富岡製糸場の世界遺産登録により、群馬県富岡市の名が大きくクローズアップされるようになった。この〝世界遺産効果〟は絶大で、都内のJR各駅でも富岡製糸場へいざなうJR東日本の観光ポスターが大きく掲げられ、テレビの紀行番組などで取り上げられる機会も格段に増えて、一気に知名度を増した感がある。

富岡製糸場全景（提供：群馬県）

官営初の富岡製糸場

その富岡市の中心部、住所でいえば「富岡市富岡一番一号」というまさに町のど真ん中に富岡製糸場は建つ。この地に、当時としてはきわめて大きく最新鋭の製糸工場が造られるに当たっては、いくつもの偶然が重なった。

一八五〇年代、ヨーロッパの生糸産業の中心であったフランスで、蚕が伝染病にかかって死滅してしまう「微粒子病」が猛威を振るい、繭の供給がストップしてしまった。この病は近隣の諸国にも広がったため、欧州での繭の調達はきわめて難しくなり、フランスやイタリアの製糸・織物業界は欧州以外の地に蚕種（蚕の卵）や生糸を求めざるを得なくなった。

当時世界最大の生糸産地の一つは現在の中国にあたる「清」であったが、一八四二年のアヘン戦争により国情が不安定となり、安定的な輸出は難しい状況であった。そんなとき（具体的には一八五四年に）、軍艦を率いて前年に日本にやって来たペリー艦隊の圧力に押されて徳川幕府は開国を決断、五九年には横浜などが海外に港を開き、本格的な対外貿易が始まった。フランスが熱望した蚕種や生糸は、江戸時代以前から日本でも生産されており、横浜に店を構えた外国人商人は早速その輸出を手掛けることになった。欧州における微粒子病の蔓延と日本の開国が時を同じくしたという偶然が、日本の蚕種や生糸のヨーロッパへの輸出につながったのである。

順調に始まったかに見えた日本からの生糸の輸出だったが、すぐに壁にぶつかった。江戸末期までの日本では、生糸はそれぞれの農家が自家で作った繭を木製の簡単な道具（「座繰り」と呼ぶ）を使って手で挽《ひ》いていたので、品質にばらつきがあったことに加え、業者の中には、生糸の綛《かせ》（出荷用に束にしたもの）の中に質の悪い生糸を混ぜたり、別のものを混入して重量を増やした粗悪品が出回ったりし、フランスでは日本の生糸の評判が落ちて価格の低迷をもたらしたのである。すでに、生糸はお茶と並ぶ二大輸出品となっており、富国強兵策を目指して外貨の獲得を至上命題とする新生・明治政府にとって、生糸の品質の向上は喫緊の課題となった。そのために、生糸大国フランスの技術を導入し、その技術を習得するために模範工場を設立すること、およびそこで得られた最新の製糸技術を全国に普及させることが最優先の政策とされ、政府の中枢にいた伊藤博文や大隈重信が、当時大蔵省の官吏となっていた渋沢栄一に相談して、横浜の居留地に支店を出していたフランスの商館を通して技術者を招き、建設したのが富岡製糸場である。

一八七二年に操業開始

このようにフランスと日本の産業界の利害が一致したこと、渋沢栄一は幕末、十五代将軍徳川慶喜に仕えており、幕末の徳川家は、イギリスに接近していた薩摩に対抗する意味もあってフランス政府と協力関係にあって、渋沢もフランスとのパイプがあったこと、渋沢自身、一八六七〜六八年に、徳川慶喜の弟である昭武のヨーロッパ派遣に随行し、ヨーロッパの近代的な工場を実際に見ていたことなどもあって、フランス人の技術指導による国営の製糸の技術習得モデル工場ともいえる施設が出来上がったのである。

明治政府は、当時の金額でおよそ二〇万円、現在の価値に換算すれば数十億円を富岡製糸場の建設費に充て、さらに繭の購入や一〇人近くいたフランス人の指導者や職人・医師などへの高額な給与なども含めて、莫大な資金を投入した。そのため、当時のヨーロッパでもほとんど見られないような大規模な赤れんがと木骨による和洋折衷の建造物が建てられ、しかも、日本の技術や風土、日本人の体格などを考慮して改良した繰糸器（繭

錦絵「横浜海岸通りの図」（提供：横浜開港資料館）

から出る糸を撚《よ》り合わせて生糸にする器械）を導入して、構想からわずか二年余りで操業に漕ぎつけた。まさに、国家による大プロジェクトならではの施設が出来上がったのである。明治初期には、まだ民間資本が整備されておらず、富岡製糸場のほかにも、紡績工場、鉱山、造船所、セメントやビールの製造所などが官営、つまり国家プロジェクトとして操業を始めている。銀行も株式会社もまだこれからという時代に、産業の担い手が「国」であったのは、ある意味、必然のことであったといえるだろう。

官営のイメージが色濃い富岡製糸場

富岡製糸場を実際に訪れた見学客がまず驚くのは、錦絵の中から抜け出たような明治初期の創業期の建物が幾棟もその巨大な姿のまま、外観にはほとんど手を加えられずに残っていることであろう。一八七二年七月に完成した製糸場の心臓部である「繰糸所」および東西の「置繭所（繭倉庫）」の三棟は、すべて長さが一〇〇メートルを超え、高さも一二メートルを上回り、圧倒的な存在感がある。

歳月の重みは見る人の心を瞬時にタイムスリップさせる効果がある。見学客はその姿と設立のいきさつを知ることにより、富岡製糸場＝明治初期の官営工場というイメージを強く刷り込まれる。神社仏閣ではもっと古い建築で今に残るものが少なくないが、移り変わりの激しい産業界の建物で明治初期のものがほぼそのまま残ることは、日本ではきわめて珍しい。まして、技術も前例もない、ゼロからの出発で建てられた施設がほぼ瞬間凍結されたように二十一世紀にその姿を伝えていることは、見る者の心を揺さぶるオーラを発するのだろう。さらに、創業期に実際この製糸場で工女として働いた女性の日記などの引用を聞くにつけ、まだ日本にほとんど工場というものがなく、鉄道や自動車もめったに見られない時期に、こうした工場を造って海外に生糸を輸出した明治人の気概に、解説を聞いた見学者の多くが何かしら誇らしい気持ちになるのも当然のことであろう。

東置繭所

四つの経営母体に引き継がれた富岡製糸場

国を閉ざした徳川二六〇年の時代から、いや応なく海外との交流を進めざるを得なくなった大きな時代の転換点に、その象徴のように建てられた富岡製糸場が纏《まと》うこうした明治初期のイメージは、ともすると富岡製糸場の価値は、明治初期の建物が今もほぼ無傷で残ることにあると思わせがちだが、「富岡製糸場と絹産業遺産群」が世界遺産に登録された理由については、国がユネスコに提出した推薦書を読むと違ったニュアンスで書かれている。

一．高品質の生糸の大量生産を巡る日本と世界の相互交流が見られたこと
二．世界の絹産業の発展に重要な役割を果たした技術革新の主要舞台であったこと

この二つに価値があったというのだ。

一番目の「相互交流」ということでいえば、単にフランスの進んだ技術を導入しただけであれば、「相互交流」ではなく、「一方的な交流」である。相互交流となるには、フランスの技術を導入した日本でさらに技術が進歩し、それが海外へ影響を及ぼすことが必要で、これによって初めて「相互交流」が実現する。

また、「技術革新の主要舞台」になるためには、富岡製糸場で実際に海外の絹産業に多大な影響を及ぼす「技術革新」が行われなければならなかった。これは、フランス人技術者に指導を仰いだ明治初期のことではなく、外国人指導者が本国に帰り、その後、フランス製の器械を改良したり、蚕の品種改良や養蚕方法の高度化といった良質な原料確保に向けての取り組みが行われるなど、日本独自の生糸産業全般の進化が海外へ波及したことがきわめて重視されている。そしてその技術革新は、官営期の後期にはその萌芽はあったものの、大半は民間企業の手で運営されるようになってからのことであった。であれば、富岡製糸場はどんな経営者によって運営されたのか、そしてどのように建物や技術がバトンタッチされて、昭和へ、そして平成へと受け継がれたのかが重要になってくる。

取り壊されなかった奇跡

明治期の工業施設で今に残るものは、実は富岡製糸場だけではない。例えば、二〇一五年に世界遺産に登録された「明治日本の産業革命遺産」には、国内最大手の鉄鋼メーカー、新日鉄住金《すみきん》株式会社の「八幡製鉄所」と、三菱重工業株式会社の「長崎造船所」にあるいくつかの明治期の施設が含まれており、一部はいまだに稼働中である。明治期のものが今に残ることはそれほど珍しくはないのではないかと思われるのもあながち無理ではない。しかし、そうしたものの多くは、払い下げ以降、所有者が実質的には代わっていない。

八幡製鉄所は、官営で操業が始まり、一九三一年の満州事変から三年後の一九三四(昭和九)年に、戦時体制への移行から半官半民の「日本製鉄」へと経営が移った後、戦後になって財閥解体により「八幡製鉄株式会社」として独立、その後は、富士製鉄との合併で「新日本製鉄」へ、さらに二〇一二年には住友金属工業と合併して、現在の「新日鉄住金」へと変遷を重ねていて、富岡製糸場同様、経営者が代わっているように見える。しかし、よく見れば、分離、合併を繰り返しているだけで、経営者の系譜はほぼそのまま受け継がれている。

三菱重工長崎造船所は、もとは官営だったが、一八八四年、富岡

旧官営八幡製鉄所 旧本事務所

製糸場より九年早く、三菱に払い下げられ、その後次々と建造されたり設置されたりした四施設が、世界遺産の構成物件となっている（それ以外の構成資産で、一八六九年に建造された「小菅修船所跡」も、官有を経て現在、三菱重工が所有している）。そして、この長崎造船所は今もなお三菱重工の主力工場であり、一三〇年以上にわたって経営者は代わっていない。

同じく「明治日本の産業革命遺産」の構成物件である鹿児島市にある「集成館機械工場」は、薩摩藩によって一八六五年に竣工した現存する日本最古の近代工場である。富岡製糸場よりも古い貴重な遺構だが、明治以降、一時官有になった時期があるもののほぼ一貫して藩主であった島津家が所有、現在も「島津興業」という藩主の後裔《こうえい》が経営する会社が博物館として運営し、一般公開されている。

第一章で詳述する群馬県高崎市にある「官営新町屑糸紡績所《くずいと》」は、鐘淵《かねがふち》紡績に払い下げられた後、現在もその後継会社が所有しており、オリジナル部分は国の重要文化財となっている貴重な明治初期の工場建築であるものの、その後増築で手が加えられ、外観からは創業時の面影は感じ取りにくい。

このような例を見てくると、富岡製糸場の所有が何度も全く別の経営者に移り、なおかつ操業停止後三〇年近く経っているにもかかわらず、繰糸所、東西置繭所、ブリュナ館など、明治初期の建物の外観がほぼ完璧に残されていることは、奇跡という言葉を使ってもおかしくないだろう。

三菱重工長崎造船所

ようやく光が当たり始めた経営者たち

工場の運営や産業の進展を語るにあたって、製品の変遷やそこで働いている人の実相ももちろん、きわめて大切である。草創期の製糸場内の様子を生き生きと描いた和田英著『富岡日記』に登場する、彼女から見た工場の実際の作業の様子や、日々の工女同士の交流の様子なども、富岡製糸場を語る上ではきわめて具体的な要素となる。しかし一方で、どんな人が富岡製糸場を所有し、どのようにバトンを受け渡したのかということも、それに負けずとも劣らぬ重要な富岡製糸場の歴史の一端であろう。

そんな中、世界遺産登録前後から、これまであまり光が当たってこなかった人物がスポットを浴び始めている。埼玉県深谷市では、富岡の創業時にかかわる「三偉人」として、建設への道筋をつけた渋沢栄一、初代場長で渋沢の義兄にあたる尾高惇忠《じゅんちゅう》、製糸場の瓦やれんがの調達に尽力した韮塚《にらつか》直次郎の、いずれも市内出身の功労者を熱心にPRし始めた。

官営時代の後半、富岡製糸場の経営の改革に乗り出し、無事払い下げを成し遂げた所長速水堅曹《はやみけんそう》についても、子孫の方の地道な調査などにより、次第に実相が明らかになってきた。二〇一四年には「速水堅曹研究会」も立ち上げられ、富岡製糸場とのかかわりの研究が進んでいる。

また、原合名会社の経営者である原三溪（富太郎）についても、第二次大戦中に書かれた『原三溪翁伝』の幻の草稿が横浜市民の有志を中心とした様々な関係者の尽力によって発刊され、それを機に「原三溪市民研究会」が原三溪の事績を富岡製糸場にも絡めながら継続的に研究をしているなど、富岡製糸場の経営者たちの功績が明らかになりつつある。

富岡製糸場という言葉から連想される人物が、「ポール・ブリュナ」「和田英」だけでなく、速水堅曹や原三溪、あるいはこの後触れる益田孝や中上川《なかみかわ》彦次郎へと広がり始めているのである。

また、富岡製糸場の世界遺産登録により、国内の生糸産業にゆかりの地域や企業のホームページにも、それぞれと富岡製糸場とのかかわりが大きく掲載されるようになった。長野県岡谷市、埼玉県深谷市、兵庫県養父《やぶ》市など養蚕や製糸にかかわりの深い都市のウェブサイトを見ると、また、この本で紹介する三井グループや片倉工業のホームページをのぞいても、富岡製糸場とのかかわりがきちんと取り上げられるようになってきたことが確認できる。

富岡製糸場が様々な企業の下で運営されて今日に至ったこと、そしてその過程で多様な地域や人とかかわり、継承・発展してきたことは、富岡製糸場を群馬県内の視点だけで語るよりもはるかに豊かな物語を奏でるはずである。

第一章の官営の時代から現在まで順を追ってフォローしていきたい。

第一章　「国」の経営と民営化への苦心

「恩賜賞」をもらった人々

官営時代を描く第一章の冒頭で、まず富岡製糸場にかかわった人たちが「一流」であった一つの証を紹介しておきたい。

一八九二(明治二十五)年に設立され、代々皇族が総裁を務めてきた蚕糸業界の団体、「大日本蚕糸会」。ここでは、一九一六(大正五)年から毎年、蚕糸業に貢献した人々を表彰しているが、その中でも最高位の表彰が「恩賜賞《おんし》」である。「恩賜」とは、「天皇から賜った」という意味で、「恩賜の煙草」とか「上野恩賜公園」(一九二四年、宮内省から東京市に払い下げられたため)などと使われる通り、皇室からの下賜金により授与される、栄誉ある賞である。

この恩賜賞受賞者の名簿を追っていくと、富岡製糸場にゆかりのある人物が実に多いことがわかる。

官営時代にかかわるのが、一九二七(昭和二)年表彰の子爵渋沢栄一(一八四〇〜一九三一)。「日本資本主義の父」「銀行の神様」などの枕詞を冠して称えられる近代日本を代表する実業家で、富岡製糸場設立の実質的な立役者である。

続いて、民間への払い下げに腐心し、初代大蔵大臣(のちに首相)を務めた侯爵松方正義(一八三五〜一九二四)。払い下げはなかなか買い手がつかず苦心したが、無事軟着陸に成功したことだけでなく、生糸貿易の振興や蚕業教育への尽力が評価されている。

三井からは、第二章で詳述する益田孝(一八四八〜一九三八)。三井物産の創始者で、富岡製糸場で作られた生糸の輸出に携わったのち、富岡製糸場を所有した時期をはさみ、三井同族ではないにもかかわらず三井組の舵取りを任された一人である。

三井から富岡製糸場を譲られた原合名会社を率いた原富太郎（一八六八～一九三九）は一九四一年、没後二年で恩賜賞を受けている。

片倉からは、初代片倉兼太郎（一八五〇～一九一七）が一九一八（大正七）年、兼太郎の実弟で、片倉製糸紡績が原合名会社から富岡製糸場を譲渡されたときに社長であった今井五介（一八五九～一九四六）が一九三二年。そして二代兼太郎（一八六三～一九三四）が一九三五年に授与されている。わずか一七年の間に一族三人が恩賜賞を受けているのだ。

さらにもう一人、戦後のことだが、富岡製糸場の世界遺産登録を群馬県として目指すことを発表した当時の県知事である小寺弘之（二〇〇一年受賞、一九四〇～二〇一〇）も含めると、恩賜賞の受賞者と富岡製糸場との深い関係がひしひしと伝わってくる。

第四章で詳述する片倉一族の活躍ぶりがこの受賞に表れている。

上／渋沢栄一　下／松方正義（提供：ともに国立国会図書館）

「前史」徳川幕府の遺産

富岡製糸場の官営期の記述を始めるには、その前の徳川幕藩時代の「富岡前史」について触れておかなければならない。富岡製糸場は、明治五年に操業を開始したことや文明開化の錦絵のイメージを纏っているので、「徳川幕府が倒れ明治時代になったため、明治政府の中心を担った、維新の立役者である薩長出身者が中心となって建設した」という風に思われがちだが、実は建設の背景には江戸時代と徳川幕府がきわめて大きくかかわっている。

まず、上州の養蚕や座繰り製糸が発展したのは、明治になってからではなく、江戸期を通じて盛んであったこと、つまり、官営製糸場が群馬県に立地したのは、江戸時代以来の蚕糸業の中心地の一つであったことが何よりも大きかった。

また、製糸場の土地は、もとは七日市藩の役所の敷地であり、つまりは江戸時代の官営地であったことが挙げられる。七日市藩は、加賀前田藩を開いた前田利家の五男利孝を藩祖とし、幕末まで前田家によって治められた石高およそ一万石の小藩で、現在の富岡市の中心部に近い七日市に陣屋を構えていたことが藩名の由来である。現在の県立富岡高等学校の敷地が藩庁の跡地となっている。

建設から操業に至る技術指導をポール・ブリュナ（一八四〇〜一九〇八）に、彼の雇い主であるフランス商館主ガイゼンハイマーを通して依頼をしたのは渋沢栄一であったが、渋沢本人も将軍徳川慶喜に仕えた旧幕臣、しかも将軍直属の臣下であった。

またブリュナが働いていた横浜のフランス人商人の多くは徳川幕府と密接なつながりを持っていた。開港後の幕末期、武器の調達などでイギリス商人と結びついた薩摩藩に対抗する意味もあり、徳川幕府はフランスとの関係を強めていた。軍艦の製造をもくろんだ横須賀製鉄所（のちの横須賀造船所）の設置や陸軍の養成にもフランスの力を借りていたのが徳川幕府である。慶喜の弟であった徳川昭武が一八六七年にナポレオン三世治世下のフランスなどを中心とした欧州を歴訪したことからも幕府とフランスの蜜月関係がうかがわれるし、その使節に随行しフランスやイギリス、イタリアなどの当時の先進工業国を実際に見た渋沢栄一が、近代的な製糸工場の建設の重要性を悟ったことが富岡製糸場の建設につながっている。

さらに、富岡製糸場の建物の設計は、よく知られているように幕府が設立した横須賀製鉄所の設計技師エドモン・オーギュスト・バスティアン（一八三九〜一八八八）が行っていることからも、富岡製糸場ができるまでには、実は徳川幕府の遺産ともいうべき人脈が大いに貢献したことを押さえておく必要がある。明治の官営工場としてスタートした富岡製糸場だが、そのウォーミングアップは、徳川治世下の江戸時代というグラウンドで行われていたのである。

ヴェルニー公園（横須賀市）の上野介像（奥はヴェルニー）

忘れてはならない小栗上野介

富岡製糸場の歴史を紐解いてもなかなか群馬県ゆかりの人物の名前は出てこないが、歴史上の偉人としての知名度は低いものの、その歴史を語る上で欠かせないきわめて重要な、上州にゆかりの徳川幕府の役人がいた。その名もまさに「上州」に由来する小栗上野介《こうずけのすけ》忠順《ただまさ》(一八二七〜一八六八)である。

小栗家は家康が幕府を開く以前の三河時代から松平家に仕えた古参の旗本で、神田駿河台に屋敷を構えていた。文政十年に江戸で生まれた上野介、幼名剛太郎は、文武の才に恵まれ、長じて忠順と名を変え、わずか十七歳で江戸城勤めをするようになった。

開国後の一八六〇(万延元)年には、幕府が初めてアメリカに派遣した遣米使節に目付として同行、サンフランシスコ、ワシントン、フィラデルフィア、ニューヨークなどを訪れ、帰路は大西洋まわりで帰国した。その途次、ワシントンの海軍工廠《こうしょう》を見学している。ジョン万次郎などごく一部の漂流者などを除けば、日本人で近代的な工場を正式に見学したのも、近世以降世界一周を果たしたのも、小栗ら一行が最初であったとされている。ちなみに、万次郎は小栗と同年生まれで、小栗ら一行が乗ったポーハタン号に随行した咸臨丸《かんりんまる》に通訳として乗船している。

帰国後の一八六二(文久二)年、小栗は財政・内政を司る勘定奉行に就き、軍艦の大量購入で大幅な財政難に陥っていた幕府の財政を立て直すため、また欧米列強と対等にわたりあうために、自前で軍艦を造ることが必要だと考え、駐日フランス大使レオン・ロッシュ(一八〇九〜一九〇〇)と関係を深め、その助力を仰いで一八六五年に横須賀製鉄所の建設を開始した。「製鉄所」という名だが、船に使うボイラーやパイプなどの鉄製の部品や機械をすべて自前で賄うため、鉄製品を製するという意味で「製鉄」所と名付けられている。ワシントンで見学した海軍工廠の圧倒的な存在感がこの事業推進の原動力になったことは想像に難くない。遣米使節としての旅で小栗が持ち帰ったささやかなアメリカ土産が、彼の菩提寺である東善寺(高崎市倉渕町)に今も残って公開されているが、大切なその品がワシントン海軍工廠で手に入れた鉄製の小さなネジであったことがそれを物語っている。

小栗と富岡製糸場とのかかわり

また、小栗は語学や技術を学ぶ学校を横浜に設立、こちらにもフランス人講師を招いている。アメリカに渡った小栗なら、アメリカの力を借りてもよさそうなものだが、当時アメリカは米国史上最も激しい内戦である南北戦争のただ中にあり、それどころではなかった。

その後も小栗はのちの商社につながる会社の設立や日本初の本格的なホテルの建設など、幕末の様々な政策の推進者として活躍を続けた。

東善寺の小栗の墓地（高崎市倉渕町）

小栗は一八六三年に「豊後守《ぶんごのかみ》」から「上野介」へと遷任となったため、以後、役職である上野介と呼ばれるようになった。赤穂浪士討ち入りのきっかけとなった、赤穂藩主浅野内匠頭《たくみのかみ》に江戸城で切りつけられた吉良上野介義央《よしひさ》と同じ役職名である。余談だが、「介《すけ》」は、律令制で定められた国司の官名で、次官にあたる。長官が「守《かみ》」なので、豊後守から上野介へは左遷のように見えるが、上野国は皇室が名目上の「守」となる国のひとつであったので、「介」が事実上の長官であった。また、もちろんこれは名目上の役職で、吉良も小栗も実際に上野《こうずけ》を支配していたわけではない。小栗は、関東に一二カ所の知行地を持っていたが、そのうちの五カ所は群馬県にあったので、確かに「上野国」と縁はあったのだが、最大の知行地は下野《しもつけ》国、現在の栃木県であった。

　こうした中、戊辰戦争が始まり小栗は抗戦を主張し慶喜の意見と衝突したため、幕府の役職を免職され、知行地の一つであった上野国群馬郡権田村（現、高崎市倉渕町）に移住、そのわずか一カ月後に、攻め寄せた官軍側によって斬首された。富岡製糸場開業の五年前のことである。

　このように、小栗の業績は一見富岡製糸場とは直接かかわり合いがないように見えるが、すでに一八六〇年代前半に殖産興業の重要性を見抜いていたこと、フランスとの深いつながりを築き、横須賀製鉄所の建設に踏み切ったことは、その流れがのちの富岡製糸場建設へとつながっているし、先述のようにその製鉄所で働いていたバスティアンが富岡製糸場の設計図を描いたこと、その製鉄所の中に設けられた黌舎で学んだ者がのちに富岡製糸場でフランス語の通訳として活躍したことなどを考えると、富岡製糸場の地ならしをした人物として、また種を蒔いた人物として、もっと記憶されてもよいだろう。もし斬首されず、新政府でも活躍の場を与えられていたら、「上野」介だけあって、富岡製糸場の建設や運営に直接携わっていた可能性も少なくない。彼が懇意にしていた商人三野村利左衛門がのちに富岡製糸場を経営する三井組に入り、大番頭として活躍したことも含め、富岡製糸場の露払いをした人物であったことを強く感じさせる傑物であったといえよう。

　徳川幕府の下で始めようとした近代化の夢は小栗の死と幕府の瓦解によって崩れたものの、彼が屍《しかばね》を晒《さら》した上州の地で生糸の生産工場として花開いた不思議な縁は、これから綴る富岡製糸場をめぐる前史として輝きを放っているように思える。

ちなみに、ワシントン海軍工廠は、現在も「ワシントン・ネイビー・ヤード」と呼ばれ海軍の様々な施設が入っており、併設されている海軍博物館は一般の観光客も見学が可能である。一方、横須賀製鉄所は、横須賀造船所、横須賀海軍工廠、横須賀鎮守府と名を変えながら、日本の海軍の司令塔の役目を果たし続けてきたが、第二次大戦後は米軍に接収され、現在は、在日米海軍司令部が置かれている。横須賀製鉄所時代に造られたドライドックは現在でも小型艦船の修理に使われており、年に数回行われる特別ツアーに参加すれば見学できる。

現在、在日米海軍司令部が置かれている横須賀製鉄所跡地

管理した役所の変遷

富岡製糸場は「官営」として開設され、明治政府の直営事業として運営が続いた。それでは、どこの官庁が実際に管轄していたのだろうか？　今であれば工業の管理は経済産業省ということになるが、富岡製糸場が開業した一八七二年前後は、政府の機構が目まぐるしく変更を重ねた時代で、所管の役所名も毎年のように変わっていた。

製糸場の設立の建議は、当時の資料を読むと「大蔵」・「民部」の二つの省で行われたことがわかる。財政を司る大蔵省と内政全般を管轄する民部省は一八六九年から七二年にかけて合併したり分離したり、また分離しても幹部は両省の役職を掛け持ちしたりしていて、どちらが主導権を握っていたのかわかりにくい。官営製糸場の設立に関しては、実質的には民部大輔（兼大蔵大輔）の大隈重信と大蔵少輔（兼民部少輔）の伊藤博文が責任を負う立場にあったが、二人とも二つの役所の役職を兼務している。国家予算を担う官庁が実質的には殖産興業も直接担当をしていたのである。

開業後、富岡製糸場を正式に視察に来た最初の中央政府の役人は、一八七三年一月の大蔵少丞渋沢栄一、大蔵省租税頭陸奥宗光の二人。また、初代場長の尾高惇忠（一八三〇〜一九〇一）の肩書は、租税権大属《ごんのだいさかん》で、これももちろん大蔵省の所属であった。租税寮は地租改正などを担った部署で、のちに局に格上げされている。

その後、内務省が設立されると富岡製糸場の管理は省内の「勧業寮」に移されたものの、のちにまた大蔵省に戻った。一八八一（明治十四）年に農商務省が設置されるとその中の農務局へと移管された。そののち、払い下げまで農商務省の管理下に置かれている。

当時、鉄道・造船・電信などのインフラの整備は工部省の担当だったが、富岡製糸場は、「工場」であったにもかかわらず、原料の供給が農業に依っているためか、農商務省が担っている。ちなみに省設置後の大臣は、河野敏鎌（一八八一年四月〜十月）、西郷従道（一八八一年十月〜八五年十二月）、谷干城《たてき》（一八八五年十二月〜八七年七月）のほか、黒田清隆、陸奥宗光ら何人もが目まぐるしく代わっており、政府の中枢でじっくりと長期的な視点で富岡製糸場を気にかけていた人物を探すのは、役職上からはきわめて難しいことがわかる。

創業までの実質的な責任者である渋沢栄一も、操業開始を見届けた翌年には、大蔵省を去って下野しており、その後富岡製糸場と直接の接点は持たなかっただけでなく、あれほど多くの企業の設立を手掛けたにもかかわらず、民間の製糸会社の設立には一社もかかわっていない。同じ「せいし」でも、王子製紙を自ら設立し、工場のあった「王子(飛鳥山)」に住まいを構えたのとは大きな違いである。(のちに触れる絹糸紡績では、安積《あさか》絹糸紡績の発起人、郡山絹糸紡績の創立委員長としてかかわっているが、これは「製糸」ではない)

余談だが、現在の王子製紙は、先述の徳島県阿南市に「富岡工場」を所有している。これは、一九九三年に王子製紙と合併した神崎製紙が所有していた工場である。「王子製糸富岡工場」と字を間違えると、まるで今の富岡製糸場のように誤解されかねない偶然である。

官営期の場長たち

富岡製糸場の官営期の日本人の責任者、つまり場長(工場長)は、

初代　尾高惇忠(一八七二年十月～一八七五年十一月)
二代　山田令行(一八七五年十一月～一八七九年三月)
三代　速水堅曹(一八七九年三月～一八八〇年十一月)
四代　岡野朝治(一八八〇年十一月～一八八五年二月)

五代　速水堅曹（一八八五年二月〜一八九三年十月）

の五代四人であるが、二代目と四代目は代理や補佐を意味する「心得」の肩書がついており、実質的には、尾高、速水の二人の傑物が官営期間の経営のほとんどを行っていたといってよいだろう。

尾高は、よく知られるように渋沢栄一とほぼ同郷でいとこ同士。渋沢の学問の師であり、のちに尾高の妹が渋沢の妻となってさらに縁戚関係を深めるなど、非常に親しい関係にあった。富岡からそう遠くはないとはいえ、直線距離で二五キロほど離れた富岡の地に建設されることになった製糸場に尾高がかかわるようになったのは、もちろん、渋沢から製糸場建設の日本側の責任者となるよう懇願されたからである。

初代場長、尾高惇忠

尾高惇忠は、一八三〇年、武蔵国榛沢《はんざわ》郡下手計《しもてばか》村（現在の埼玉県深谷市）の名主の家に生まれた。渋沢の生家がある血洗島《ちあらいじま》村のすぐ東に接しており、江戸末期に建てられた尾高の生家が現在も残されている。屋根に養蚕農家の特徴である越屋根を乗せ、裏には土蔵が建つ名主の家らしい住居である。

尾高惇忠の生家（埼玉県深谷市）

学問を好み、すでに十六歳の時に渋沢栄一に『論語』を教えているほか、成人後は家業の藍の販売を手掛け、やはり藍の商売を手掛けていた渋沢と一緒に信州まで藍を売りに出向くなど、農業もしながら商才を磨いたことが後の製糸場経営に役立ったと考えられる。

明治維新後、静岡に蟄居《ちっきょ》同然で過ごしていた徳川慶喜のもとで渋沢が静岡藩の勘定組方として商法会社と呼ばれるのちの銀行や商社の前身を興していたころ、尾高も静岡藩に出向き、藩の「勧業附属」という役を拝命して殖産興業に力を注ぐことになる。

一八六九年、尾高の郷里で水路の取水口の変更を巡って、地元農民と新政府の間で対立が起きたため、尾高が政府に善処を求めたところ、その活躍ぶりが民部省の高官の目に留まり、尾高は民部省に登用されることになる。そして一八七〇年に、すでに大蔵省に移っていた渋沢の主導で、官営製糸工場の建設計画が始まると、渋沢は師であり同志であり養蚕や商売についても経験豊かな人物として、尾高に現場の責任者の任を依頼したのである。

渋沢と尾高は、ほぼ同じ地域に生まれ、幼少期は共に学び、養蚕と藍玉という共通の経済基盤を持ち、一時は攘夷討幕の運動に身を捧げ、徳川慶喜に同時期に仕えた上に、さらに日本初の官営の器械製糸工場建設に政府の司令塔と現場監督という二人三脚の責任者としてかかわるという、まるで相似形のような歩みをしながら、一八七二年の富岡製糸場の開業を迎えることになる。

建設工事の苦労については、資材の調達、日本人とフランス人という全く異なる文化を持つ二つのグループによる様々な葛藤などが多くの資料で明らかにされている。また、製糸場の工事は一八七二年七月に完成していたが、操業開始が秋にまでずれ込んだのは、ひとえに人材不足、つまり実際に繰糸器を操る工女が思ったように集まらなかったためである。尾高は自身の長女、尾高勇をわずか十四歳で工女第一号に迎え、自ら範を示しながら各地を自分の足で巡った。そしてなんとか工女集めも軌道に乗り、十月の操業に漕ぎつけた。

経営者としての尾高

とはいえ開場後も、フランス人指導者たちとようやく集まった工女との間に入って、経営を軌道に乗せるまで、これまでの日本人が誰も経験をしたことのない苦労が続いたと思われる。

一八七二年から七五年までの三年余りの収支は大幅な赤字であった。支出のうち、日本人工女に支払う賃金が四三パーセント、たった一〇人に満たないフランス人技師らに支払う給与が三四パーセント（一八七三年の数字）というように、お雇い外国人の人件費が総支出の三分の一以上を占めていることが大きな要因の一つであった。

そんな状況の中で、尾高は場長として様々な策を実行に移していった。

生糸の品質向上に力を注いで価格を上げる努力をするのはもちろん、高給のために支出を圧迫していたブリュナをはじめとするフランス人の指導者や技師を契約が切れる一八七五年にはすべて退職させ、日本人のみの経営に転換、ヨーロッパ各地の繭の不足を見込んで、大量の繭を買い込み、値上がり後売り払うという思惑買いをし、高値で売って利益を出すなどの商才も発揮して、これまでの赤字をほぼ一掃した。その結果、一八七六年には一〇万円あまりの利益を出している。

本業では利益が出ない体質だったと非難することもできるし、だからこそ、相場を読んだ投機的な行動でその赤字をカバーしたのはさすが経営者の素質ありと褒めることもできるが、官立技術専門学校という位置付けからすれば、工女から授業料を取るどころか、逆に賃金を払っているわけだから赤字になるのも当然で、そもそも設立の趣旨からして利潤を追求するほうがおかしいという考え方もできる。しかし、戊辰戦争や新政府の整備で巨費が必要な明治政府に財政的な余裕はなく、赤字が嵩《かさ》めばお荷物になるし、政府が持つ意味にも疑問符がつきかねない。

尾高が次に考えたのは、繭の増産であった。

上／世界遺産「荒船風穴」　下／富岡製糸場の尾高惇忠（提供：川島端枝）

秋蚕をめぐって政府と対立

富岡製糸場の東西の繭倉庫の長さが一〇〇メートルを超すほど巨大であるのは、一年分の原料繭の保管を可能にするためである。当時、蚕は春に飼育を始め夏前に繭ができるというサイクルで、年一回しか飼育ができなかった。富岡製糸場が七月の操業を目指していたのも、このころ新しい繭が製糸場に届けられるのを考えてのことである。しかし、原料の供給が年に一回しかないという制限は、経営上の大きな足かせになる。そう考えた尾高は、繭の増産のために、秋にも蚕を飼う「秋蚕」の奨励に力を注ぎ始める。

「富岡製糸場と絹産業遺産群」の構成資産のうち、「荒船風穴」(群馬県下仁田町)は天然の冷風を利用して蚕種の催青《さいせい》(蚕の卵が孵化すること)時期を人為的にコントロールする施設であったが、建設されたのは一九〇五年と明治も末期のことであった。しかし、信州ではすでに幕末からやはり風穴を利用して蚕種を保存する試みが行われていた。特に名高いのが、松本近郊の安曇村稲核《いねこき》地区(現在は松本市に合併)の風穴である。古くから天然の食料貯蔵庫として使われてきた風穴は、開国後、輸出品としての蚕種の需要が爆発的に増したことから、次第に蚕種保存に使われるようになった。この情報が関東平野の蚕種農家にももたらされ、尾高もこの風穴を利用して保存した蚕種を夏暑い上州に持ってくれば、夏から秋にかけて飼育でき、結果として年に複数回蚕を飼育できる、つまり繭を増産できることに気づいていた。しかし、当時、蚕種を産ませる原紙には条例で様々な規制がかけられており、勝手にこうした秋生産の繭(＝秋蚕)を作るために蚕種紙を使うことは許されなかった。秋蚕を飼育したい地元の蚕種家のことも考え、尾高は秋蚕の飼育を提言したが認められず、官の立場で規則に反する行動をとったということで、一八七六年十一月、富岡製糸場長を辞任することになった。

外国人技術者を帰国させ、ようやく日本人の手で製糸場の経営を軌道に乗せようとしていた時

秋蚕の碑（埼玉県美里町）

だけに、さぞ無念だったに違いない。

尾高はその後、東京で渋沢栄一が関係していた企業や団体、具体的には東京府瓦斯《がす》局、東京府養育院、蚕種製造組合会会議局などで要職を歴任、一八七七年には、これも渋沢が設立の中心となった第一国立銀行の盛岡支店支配人として赴任、戊辰戦争で幕府方について、〝賊軍〟の汚名を着せられて沈滞していた南部藩のお膝元、盛岡の街で、次代を担う経済人の育成に力を尽くした。盛岡で一〇年過ごしたのち、さらに仙台支店でも支配人となり、東北の発展に貢献した。

十代で渋沢らに『論語』を教えるほどの学問好きだった尾高は引退後も学問や研究に打ち込んだが、その子孫にも研究者や文化人が多い。次男尾高次郎は、渋沢栄一の三女と結婚し、武州銀行（のちの埼玉銀行、現在の埼玉りそな銀行）の頭取となった傍ら学術書の出版社、刀江書院を設立した。次郎の子、つまり惇忠の孫では、児童教育に尽力した長男、東京大学の法学部長などを務めた三男、仏教美術の研究者となった四男、東大文学部教授などを歴任した社会学者の五男、日本交響楽団（現在のＮＨＫ交響楽団）の常任指揮者となり、死後はその功績を記念した、日本人作曲家の管弦楽作品に年一回与えられる「尾高賞」に名を残す六男尚忠など、枚挙に暇がない。さらに、尚忠には尾高惇忠と同名の息子がおり、こちらも現代音楽の作曲家として著名である。

埼玉県深谷市にほど近い美里町には、明治初期に秋蚕の発展に功績のあった農家を称える碑が建つが、その文字は尾高による撰である。

利根川人脈

富岡製糸場の立ち上げから最も大変な操業開始後数年間の経営を担ったのが、このようにスケールの大きな人物であったことは、その後の製糸場の進路に少なからず影響を与えたことだろう。

深谷市では、富岡製糸場の立ち上げにかかわった三偉人をフィーチャーしているということに触れたが、この尾高惇忠と渋沢栄一、そしてこの書ではあまり触れないが、富岡製糸場の建設に瓦やれんがの製造の面で手腕を発揮し、創業後は賄方として経営の一角を担い、妻が滋賀県出身だったことから滋賀県からの工女集めにも力を揮った韮塚直次郎（一八二三〜一八九八）と、富岡製糸場の創業に力を尽くした人物がまとまってこのエリアから輩出していることは特筆に値する。

この三人だけではない。尾高や渋沢の生地を三キロほど西へ行くと、「富岡製糸場と絹産業遺産群」の構成資産の一つ「田島弥平旧宅」が現れる。住所は、群馬県伊勢崎市境島村になるが、実は深谷市と隣接していて、地理的にはほとんど同じエリアである。田島弥平（一八二二〜一八九八）も新たな養蚕法を開発し、蚕種の直輸出のため、自らイタリアに売り込みに行った開明的な蚕種家であった。

深谷市の西隣の本庄市には、富岡製糸場の原料の買い付けを行っていた埼玉県の代表的な商人がいた。糸繭・蚕種商の東諸井《ひがしもろい》家である。本庄市は、中山道の最大規模の宿場町として繁栄した歴史を持ち、明治時代に入ってからは繭の集散地として栄え、生糸を担保にする銀行が設立されたり、明治中期以降多くの製糸工場ができたりした蚕糸の町だが、東諸井家は江戸時代から絹商人として財をなし、この町で最も影響力を持った商家となった。十代当主諸井泉衛は本庄郵便局を営み、その次男で十一代目の恒平は秩父セメントを設立したほか秩父鉄道の社長を歴任するなど、埼玉を代表する経済人となった。

これらの経営者・蚕種家たちが住まった場所は、どれも地図を見ると利根川の流れからほど近いことがわかる。さらに、利根川から分かれた神流《かんな》川を少し遡った川沿い、現在の埼玉県神川《かみかわ》町は三井の後に富岡製糸場を所有した原合名会社の前身である原商店を横浜に開いた原家の発祥の地である。

上／田島弥平旧宅　下／明治初期に建てられた諸井家住宅。洋風のベランダが珍しい

利根川は明治の初めまで関東平野最大の交通路で、川舟が少し上流の中山道倉賀野宿（高崎市）辺りまで行き交い、物資はもちろんのこと、人も情報もこの川を通して動いていた。そしてこの辺りは年貢であった米ではなく、小麦や桑などの畑作地帯で、渋沢や尾高のように農家でありながら収穫物を自ら売って現金化するなど、進取の気性に富む者が活躍できる気風が広がっていた。小藩が並び立ち、幕府領も入り組んでおり、強大な藩主の治世下にあるわけではなかったため、独立の気風が高かったという条件もあって、人材輩出につながったのであろうし、そういう地に富岡製糸場が造られたことは、製糸場の経営という視点では注目すべきこ

とであろう。

鉄道と道路全盛の今日ではなかなか想像が及ばないが、近世から近代初期にかけて、物資の輸送や情報の伝達における河川交通の占める地位は、今よりはるかに高かったし、製糸場用地を探す視察団一行が信州まで足を延ばしたにもかかわらず、官営製糸場が最終的には利根川流域に建設されることになったのも、横浜への生糸の運搬の容易さや生糸相場の情報が少しでも早く得られるというメリットがあったからではないかと推察できる。

速水堅曹の登場

その後を継いだ山田所長は、労働強化や人員整理を行ったため、場内は荒れていき、経営も行き詰まっていく。

ここで登場するのが、速水堅曹（一八三九〜一九一三）であるが、彼の回想録である『六十五年記』には、この当時のことが次のように書かれている。

「最初尾高惇忠が主任であったが、何分にも成果を上げることが出来ず秋蚕の研究に打ち込んだため、明治九年政府は本業が疎かになるのを恐れて尾高を罷免した。後任の所長は山田内務三等属を任命された。彼は尾高のやり方と反対に何としても利益を上げて尾高の失敗を取り返そうとたいそう熱心に努力をしたが、残念なことにこの熱心さがかえって不利益をもたらした。明治一一年の今日に至っては、粗製に対する批難《原文ママ》が続々とフランスより届き、その中で人望を失い、山田は進退窮まるありさまであった」(『官営富岡製糸所長速水堅曹　生糸改良にかけた生涯―自伝と日記の現代語訳―』より)。

こうして、伊藤博文、前島密ら内務省の上層部や渡仏中に直接富岡製糸場の生糸の評判の悪さを聞いた松方正義らからの懇願があって、速水が所長となるのである。

とはいえ、彼はここで初めて富岡製糸場にかかわったわけではなく、開業以前から富岡製糸場の建設・運営に様々なアドバイスを与えていた。というのも、富岡に先立ち、日本で最初の器械製糸工場である「前橋製糸所」を富岡製糸場の開業より二年も前に建設、操業に漕ぎつけていたからである。

速水堅曹(画像提供:上毛新聞社)

速水は前橋藩士だが、生まれは前橋でも江戸でもなく、武蔵国川越(現在の埼玉県川越市)である。前橋藩は、譜代大名酒井氏の入封によって開かれ、十八世紀半ばには徳川将軍家の分家筋に当たる松平家が移封されたが、その間利根川畔に築かれた前橋城は川の浸食で崩壊の危機にさらされ、十八世紀の半ばに川越へと藩庁を移転、その後は川越藩となり、前橋藩の領地は川越藩の分領扱いとなっていた。

速水が生まれたのは、その川越藩時代、一八三九(天保十)年のことである。幕末になって、前橋への帰還が許され、前橋城も再建され、藩士であった速水も前橋に移った。藩では、養蚕や製糸が盛んだった前橋周辺の地の利を生かし、横浜に藩営の生糸売込商店を構えるとともに、洋式の製糸所の設置を計画。

藩の町奉行であった深沢雄象《ゆうぞう》（一八三三〜一九〇七）とともに速水にも藩命が下り、スイス領事の斡旋でイタリア製の繰糸器を購入し、スイス人技師ミューラーを招聘して、前橋に藩営製糸所を創設した。一八七〇年七月のことである。官営製糸場の建設が決定したのもこの年であり、速水は建設場所を決めるポール・ブリュナや尾高惇忠一行の視察に参加しているし、視察団はすでに開業していた前橋製糸所も訪れている。その後も、工女の募集に当たって尾高は速水の意見を聴くなど、開業時の正式な記録には速水の名前は出てこないものの、「相談役」としては重要な役割を果たしていたことがわかる。また、前橋製糸所には、全国から見学者や伝習希望者が多く訪れており、「模範工場」的な性格を帯びるようになったことも、富岡製糸場との共通点である。

その後、廃藩置県により藩営の前橋製糸所が閉鎖された後、速水は請われて福島県の二本松で新たな製糸場を開業、その経営に力を入れていたが、一八七五年に内務省勧業寮に出仕、富岡製糸場の経営調査の命を受けた。提出された報告書では、ブリュナをはじめ、フランス人顧問・技師の給与が高すぎて支出が増えていること、工女の定着率が悪く熟練工女が少ないことが品質の低下につながっていること、買入繭の価格が相場以上に高いことなどを指摘している。

その後、速水は内務省の役人として、一八七六年に開かれたフィラデルフィア万国博覧会へ絹糸織物等の審査官として派遣されたり、東日本各地で製糸の巡回指導を行ったりした。一八七八年には、現在の東京都荒川区に設置されながら、まだ操業前の官営千住《せんじゅ》製絨《じゅう》所（一八七六年設立、羊毛から被服生地を製造、操業開始は七九年）の所長となったが、翌年、いよいよ富岡製糸場の所長となり、改革に力を揮うようになった。

払い下げへの苦闘

ところがである。所長就任後、わずか一年半余りで速水は所長の座を辞している。この背景には、政府の官営工場の払い下げを巡る富岡製糸場ならではの苦闘があった。

一八七七年、最大の士族の反乱である西南戦争が起きた。明治政府は莫大な戦費を使って反乱を鎮圧したが、戦後の激しいインフレの鎮静化のために松方正義大蔵卿のもとで、緊縮財政を実施、その具体策の一つが官営工場の払い下げであった。一八八〇年十一月五日、松方は「工場払下概則」を制定、払い下げの実施に踏み出したのである。

明治政府は成立以来、富岡製糸場のほかに、一〇を超す官営工場・鉱山を所有していたが、一八八〇年までに民間の手に渡ったのは、元土佐藩士で新政府に入ったものの下野していた後藤象二郎（一八三八～一八九七）に払い下げられ、のちに三菱の手に渡った「高島炭鉱」（世界遺産「明治日本の産業革命遺産」の構成資産）だけであった。

前橋製糸所跡の碑（前橋市住吉町）

しかし、富岡製糸場の払い下げの方針を示したにもかかわらず、請願者は全く現れなかったため、松方は内々に速水堅曹に貸与することを決めた。その方針を引き受けるためには、身分を「民間」にする必要があり、所長職を辞任したのである。

とはいえ、そのまま製糸所の指揮を執るよう委嘱されたため、教師の身分で富岡に引き続きとどまっている。

そんな中で、その密約の実現を阻む事件が起きた。「開拓使官有物払下事件」である。一八八一年七月、新聞に、北海道開拓使が巨費を投じた事業のうち、農園、炭鉱、ビール工場、砂糖工場などを、投資金額のわずか三パーセントにも満たない三九万円で、大阪の政商五代友厚（一八三六〜一八八五）らが設立した関西貿易協会に払い下げる計画があることがすっぱ抜かれた。政府内だけでなく、新聞に扇動された世論でも非難の声が渦巻き、政府は払い下げの中止を余儀なくされ、富岡製糸場をはじめとする官営工場の払い下げも凍結されてしまった。富岡製糸場は以前希望者がいなかったこともあって、廃止の方向へと動き始めたのである。

二〇一五年にＮＨＫで放送された大河ドラマ『花燃ゆ』では、物語の終盤で群馬県令となった、ヒロイン杉文《ふみ》（楫取美和子）ののちの夫、楫取素彦《かとりもとひこ》が富岡製糸場存続の嘆願書を政府に出すシーンが描かれている。実際この嘆願書が前月に農商務卿に就いたばかりの西郷従道（一八四三〜一九〇二）に出されたのは、この廃止の方向が打ち出された直後、一八八一年十一月のことであった。実はこの嘆願書が出される前、速水も農商務卿（このときは、西郷従道に代わる直前の河野敏鎌）に面会し、廃業の撤回を強く訴えている。

功労者として描かれた県令

ここで、楫取素彦（一八二九〜一九一二）について少し触れておきたい。

楫取は、長州藩医の次男として山口・萩に生まれた。自身が学んだ藩校の明倫館で教壇に立ち、松下村塾の支援も行い、長州藩が幕末の動乱の主役になってからは、藩主の命で東奔西走し、長州藩の舵取りを裏で支えた。いったん、藩の役目を終えて隠棲していたが、長州藩士が明治新政府の中心となったことから政治の表舞台へと引き上げられた。前橋に来てから病没した一人目の妻寿《ひさ》と、その後再婚した寿の妹美和子の二人の妻がいずれも吉田松陰の妹であったことは、楫取と松陰の目に見えない深いつながりを物語っている。

楫取は富岡製糸場が操業を始めた一八七二年に足柄県（現在の神奈川県西部）の参事となり、七四年には熊谷県（現在の埼玉県と群馬県の一部）権令、そして七六年には熊谷県令（知事）となった。その直後、熊谷県は群馬県と改められ、楫取は第二次群馬県の初代県令となった。

ちなみに群馬県の成立は一八七一年で初代県令が青山貞、二代目が河瀬秀治である。河瀬の在任中の一八七三年六月、入間県（現在の埼玉県）と合併して熊谷県となっている。この合併直後に、明治皇后（昭憲皇太后）と英照皇太后の富岡製糸場行啓があり、このとき製糸場は熊谷県に属していたので、河瀬が県令として行啓の一行を迎えている。

楫取の群馬県令としての在任期間は八年で、これは戦前の官選知事としては群馬における最も長い在任期間である。官選とは、国が選ぶという意味で、当時の県知事は現在のような選挙ではなく、国が決めて各県に派遣する「官僚」であった。一度合併で消えた群馬県が再び復活した際の県庁は高崎にあったが、庁舎が手狭で分散していたため、前橋に仮庁舎を置くこととなり、前橋が実質的な県庁となった。その五年後には実態を追認するため、楫取は前橋を正式な県庁所在地とすることを明治政府に承認させた。前橋は生糸商人が多く、「マイバシ（前橋）」は欧州でも優良生糸のブランドとして幕末から明治初期にかけて名前が轟いていた。富岡から見ると高崎よりもさらに遠い地に群馬県庁は固定されたのである。

こうした前橋と高崎との現在に至る確執も含め、大河ドラマで描かれた当時の群馬県の様子や楫取の振る舞いについては地元の視聴者から見れば様々な思いがあったようだが、明治の初め、生糸の売り込みに奔走していた群馬県の状況と富岡製糸場の存在が、全国隅々にまで放送される注目の高いドラマ枠で取り上げられた意義は大きい。そして、ドラマの中で強調された楫取の実績が、県内に初等教育を広めたことと、富岡製糸場が廃止になりかねない事態となった時に、明治政府に廃止を思いとどまらせるよう行動をとったことであった。楫取は富岡製糸場の命を救った恩人として描かれたのである。

速水、再び所長へ

さて、細かい顚末《てんまつ》は省くが、結局、富岡製糸場は廃業を免れ、かといって速水への貸与の話も立ち消えになり、一八八五年、速水は再び農商務省の御用掛として富岡製糸場の所長に再任される。この年、速水はそれまでの富岡製糸場の政府からの欠損金の補塡をすべて返済し、翌年から黒字に転換、また製糸場内に学校を開いて、夜、糸取りを終えた工女に教育を施したほか、正月休みには、従業員の慰労のために能役者を前橋から呼んで、『鉢木』や『船弁慶』などの演目を上演させた（一八九二年一月四日）ことが彼の自伝（『六十五年記』前述の「現代語訳」より）に記されている。

払い下げの方は、西郷従道が一八八五年まで農商務卿を務め、八五年十二月からは農省務大臣と呼称が変わったのちは、前述のように毎年大臣が代わるなど責任者不在の状態が続き、進展を見なかった。この頃、八六年には札幌麦酒製造所と愛知紡績所（額田郡男川村、現在の岡崎市）、八七年には、速水が一時所長を務めた千住製絨所、長崎造船所、兵庫造船所などが相次いで払い下げられ、富岡製糸場だけが取り残されるようなありさまだった。

一八九〇年には、富岡製糸場が渋沢栄一、益田孝の両氏に払い下げられるという、結果としては誤報となる記事が新聞に掲載されたり、一時皇室が所有しようとして侍従が富岡の速水のもとに派遣されたりと、中央政府の中で様々な検討が行われている様子が伝えられている。

先述の『六十五年記』の一八九〇年十月の項には、速水が農商務省会計局長から公売について本省に上がるよう請われた際に局長に伝えた言葉として、

「当所を会計法によって処分し公売に付す場合はここに二つ問題がある。第一は将来の維持を考えずに一時の利益を目的として払下げて、その上壊されることでもあれば、我が国特有物産の重要な製糸所を失う。そして直輸出も出来なくなり、明治二、三年ごろのように横浜の外国人に思うままにあやつられて、再び挽回する道を失くし、莫大な国損で日本の経済上非常な困難を招くであろう。（以下略）」（前述の『現代語訳』より）という記述がある。

もし富岡製糸場を「取崩」せば、生糸の生産工場を失い、莫大な国益の損失となることを説いている。第二として、このあとに、日本人名義で払い下げられて外国人の所有となればこの影響も非常に大きいとして、払い下げをするにしても、富岡製糸場が永続できる形にするよう求めて

いる。なかなか引き受け手がいない富岡製糸場が再び政府の中で厄介者扱いされかねない雰囲気の中、体を張って安易な払い下げを戒めようとする速水の覚悟が伝わってくるくだりである。

第一回入札は不成立

一八九〇年十月末、ついに富岡製糸場の公売が翌年に行われることが決まる。実際の入札は九一年の六月十五日であった。払い下げの予定価格は五万五千円。しかし、政府の思惑にもかかわらず、それだけの価値を認めてお金を出そうという人物や経営者は現れなかった。この入札に応札したのは、地元の群馬県人ではなく、生糸貿易で財をなした横浜の生糸商人でもなく、二人の信州の製糸家であった。

一人がのちの片倉製糸紡績の初代社長となる片倉兼太郎。入札価格は一万三五七三円。

もう一人は、『富岡日記』の作者和田英の出身地松代（現、長野市松代町）の貴志嘉助。製糸史にはほとんど登場しない名前だが、埼玉県の最も群馬寄りにある児玉郡本庄町（現、本庄市）で、最も早く操業を始めた器械製糸工場の大星館（一八九五年）を経営するなど、富岡製糸場は手に入れられなかったものの、その後一大繭産地の上武地方（埼玉北部・群馬南部）への進出を果たしている。信州にはいち早く器械製糸を取り入れた製糸工場が多く、事業拡大を目指す製糸家は、繭の供給不足や工場用地の不足から、富岡製糸場以外の器械製糸工場がほとんど立地していなかった上武地方に着目し、進出を図っていた。一八八四年に上野～前橋間の日本鉄道（現、高崎・両毛線）が開通、さらに翌年、赤羽～（新宿）～品川間の品川線（現在の赤羽・山手線）の開通により、上武地方から輸出基地である横浜まで直接鉄路で結ばれたことも工場進出の契機となった。

『岡谷市史』によれば、一九一〇（明治四十三）年十月現在、現在の岡谷市に本拠を構える製糸会社が長野県外に進出して工場を建てた例が二九件あるが、そのうちの九件、およそ三割が現在の高崎線沿線への進出であり、上尾、熊谷（四件）、深谷、本庄、神保原（現、上里町）、新町がその進出先となっている。さらに、秩父（当時は秩父郡大宮町）にも三件立地しているので、岡谷など信州資本の県外進出の大きなターゲットは、上武地方であることがうかがえる。

本庄の大星館は一九〇五年には、これも信州・岡谷の製糸家、林組に買収されている。

地元での富岡製糸場への熱いまなざし

第一回の入札では、信州の製糸家だけが参加したわけだが、この入札に地元の製糸家が手をこまねいていたわけではない。

「（富岡町のある）北甘楽郡の製糸家は、富岡製糸所を郡有又は県有に払下げんとて奔走したる向もありしが、此の人々は其の後払下げ予定価格の不廉なるを周知して入札を見合わせ、其他払下を望めるも同じく入札せざるし者多く、……」（朝野新聞　明治二四年六月一七日）とあるように、入札を志そうとした群馬県人もいたことがわかる。

速水の『六十五年記』にも、入札の前年の十月、「十五日北甘楽の人から富岡製糸所拝借の願い書が出されたが、会計法によって公売に付せなければならないために願書は却下となる」(『現代語訳』より)との記述があり、入札前に地元で借り受けようとしたことや、それがかなわなかったため応札しようとしたが予定価格が高いため断念していたことがうかがえる。

その一方で、ほぼ同じ頃、北甘楽郡では、それぞれの農家が座繰りで挽いた生糸を共同で出荷する「組合製糸」の甘楽社が設立され、参加者を増やしていった。富岡をはじめとする西毛の人々は、せっかく地元にできた最新鋭の器械製糸工場の経営には携わらず(携わることができず?)、組合製糸に力を注いでいくのである。

再び入札へ

第一回目の払い下げでは、予定価格と実際の入札価格の間にあまりにも差があったので、すぐには再入札は行われず、また時が経過した。この時点で、まだ払い下げが予定されていて明治政府の直営になっていた工場や鉱山はもはや残っていなかった。かろうじて佐渡鉱山と兵庫県の生《いく》野《の》銀山がともに一八八九年に宮内省御料局の所有、つまり皇室財産となっていたくらいである。ちなみにこの両者は一八九六年に三菱合資会社(三菱の全事業を傘下に収めた会社、のちに造船・商事・鉱山・銀行などに分社化）に払い下げられている。

そして、一八九三年九月十日、二度目の入札が行われた。参加者は五人、予定価格は一〇万五千円である。なお、この価格には東西の置繭所に入っていた繭代金およそ八万円が含まれているので、一度目よりもはるかに高い予定価格になっている。

この入札は、世間の耳目を集めたようで、十日ほど前の八月末の毎日新聞には次のような観測記事が出ている。

「先度入札に附せしときは（中略）此人々は該業を継続経営するの見込に非ず全く同場を以て繭の入置場即ち倉庫に充つる考へにて斯く廉価に入札せし。（中略）今度も入札高額予定額に達せざるか又は入札者なきときは政府は是非なく之を中止し時機を見て更に入札に附するなるべし」

第一回の入札者は、製糸場を倉庫代わりに使うつもりしかなく、安い価格で入札したと断定したうえで、今回も落札されないかもしれないとして、その先のことまで心配している。それほど、富岡製糸場の入札のめどは立っていないと一般には思われていたようなのである。

さて、入札の結果は次の通りである。

第一位　三井銀行 三井高保（代理 津田興二）　一二万一四六〇円
第二位　滋賀県 下郷伝平　一〇万三一七〇円
第三位　長野県 林 国蔵　一〇万二五五〇円
第四位　長野県 吉澤利八　一〇万二〇五〇円
第五位　群馬県 森村堯太　七万五二〇二円一〇銭

このように、予定価格を上回ったのは、三井だけであり、すんなり三井への払い下げが決定、ここに操業開始以来二一年間の官営時代が終わりを告げたのである。この三井高保は、次の章で詳述する三井十一家の一つである「室町家」の十代当主で、三井銀行の総長・社長を務め、男爵に叙せられている。

ちなみに二位以下の入札者の横顔を簡単に記しておきたい。

下郷伝平（一八四二〜一八九八）は、滋賀県長浜町（現、長浜市）の製糸家である。長浜は羽柴秀吉が織田信長に仕えていた時代に築城して以来整備された城下町で、江戸時代は北国街道の宿場町として、また琵琶湖の水運の拠点として、湖北地方（滋賀県の北部）の中心として栄えた町である。江戸期から養蚕・製糸業が盛んで丹後地方と並ぶ縮緬《ちりめん》産地として知られ、「浜縮緬」（長浜の縮緬の意）の名で京・大坂に出荷されていた。伝平は、近江製糸を設立、長浜銀行の頭取となるなど実業家として活躍した。長男の久成（のちに二代目伝平）は、長浜町長、貴族院議員も務める傍ら、町内に図書館（下郷共済館文庫）や県内初の博物館（鍾秀館）を開館するなど、地域の文化振興に大きく貢献した。

遠く近江の地の製糸家がなぜ富岡製糸場の入札に参加したのか？　考えられるのは、一八七五年以降、富岡製糸場の賄方を務めた前述の韮塚直次郎の妻が近江出身であったことから、滋賀県からの工女の入場が激増し、富岡製糸場の工女の最大勢力となり、彼女らが技術を習得して帰国したのち、県営の彦根製糸場が設立されたという富岡製糸場との深いつながりである。当時の滋賀県令は、一八七五年に速水堅曹に会い、「滋賀県製糸所建築ノ根源」について相談しているという事実もあり、滋賀県の製糸業界では、模範工場としての富岡製糸場の名声は広く知られていたことが読み取れる。

群馬からも入札

第三位となった林国蔵は、信州・岡谷の製糸家であるが、実はこの名前の陰には、一回目の入札で名を連ねた片倉兼太郎が隠されている。片倉兼太郎は、一八七九年、岡谷の有力製糸家尾沢金左衛門、林倉太郎らと製糸結社「開明社」をつくり、共同出荷を行い、横浜と直接取引をしつつ経営を拡大した。開明社の代表は片倉、尾沢、林の三者が年毎に交代で務めており、一八九三年の入札当時は、倉太郎の後を継いだ長男の国蔵が代表となっており、そのために入札者として国蔵の名前が残っているが、実は一番落札したかったのは、兼太郎であろうと推察できる。一回目の入札で落札できなかった無念をこの入札で晴らしたかった兼太郎は、またしても手に入れることができなかった。初代兼太郎は、富岡製糸場が原合名会社に所有されていた時代に当たる一九一七年に逝去しており、富岡獲得の夢は三代目兼太郎の手に委ねられることになる。

第四位の吉澤利八（一八五二〜?）は、信州飯田の足袋商の家に生まれ、のちに製糸家となった人物である。一八八六年に伊那製糸に入社し、めきめき頭角を現し、ほどなくして社長となり、その後山口県の萩に製糸場を建設したほか、米価高騰の折には外国米を輸入して貧民救済事務所を開いて農民の救済に奔走したり、小学校に数百円を寄付したりしていると『商海英傑伝』（瀬川光行

著　一八九三年）には書かれている。

一回目の入札では参加を諦めた地元群馬の人物が今回は入札に参加した。最も安い価格をつけ結果として落札はかなわなかった、安郷村（現、伊勢崎市）の森村堯《ぎょう》太《た》（一八六三〜一九二三）である。森村は、伊勢崎の名家森村本家の分家の出身で、銘仙で知られる伊勢崎で織物業者を対象とした金融会社「三星社」を設立、さらにこの会社をもとに伊勢崎銀行（のちに合併し群馬銀行）を設立し頭取に就任、その後も上毛貯蓄銀行、群馬県農工銀行にもかかわる群馬県金融界のリーダー的存在であった。また、キリスト教に入信し、前橋の共愛学園の設立にも参加するなど、教育の分野でも活躍している。

森村の入札については、九月十六日の東京朝日新聞に次のような関連記事が出ている。

「群馬県下の実業家は今回同所（筆者注、富岡製糸所）の払下に付き曾て報せし如く他府県人の有に帰せしめずと単身勇を鼓して佐位那波（筆者注　佐位郡と那波郡、一八九六年にこの両郡が合併して佐波郡になる）実業家一団の精神を代表して兎も角も大敵に向ひ競争を試みたる森村堯太氏の如きも終に五番札の最低価にして其目的を達する能はざりし」

地元の製糸家たちは富岡製糸場が他府県の手に落ちるのをできれば防ぎたいと願い、森村はその思いを受けて「単身勇を鼓して」入札に参加したことが読み取れる。

この記事には続きがあって、

「他県の業者の手に落ちたのは悔しいので、富岡製糸所に勝る一大製糸場を設立し群馬県の実業社会の面目を雪ぎたい。三井家の所有となったが地方的感情をもって妨害を試みるようなことは万が一にもないようにすべきである」

と、三井という群馬県外の会社が富岡製糸場を所有した無念さを別の形で晴らしたいと締めくくられている。とはいえ、そののちも群馬県内に上州人の手による富岡製糸場を上回る器械製糸工場の建設は行われなかった。

三井家による落札の背景には、三井家が明治政府と大きくかかわり、新政府の「金庫番」のような役割を続けてきたということもあるだろう。江戸時代には、徳川幕府や全国の藩の金融の担い手であった三井は、明治維新という時代の波の中で、早い段階で幕府に見切りをつけ、当時の薩長との関係を深め、明治維新後は民間による銀行第一号として、政府の財政を支えた。公正な入札であったとしても、大蔵省の意向や水面下の情報を手に入れやすい立場にあったであろうと考えられる。

岡谷市の林家住宅

官営時代の終焉

こうして速水は最初の所長就任から数えて一四年、概況の調査から数えると一八年の長きにわたって富岡製糸場とともに歩んだ生活に終止符を打った。製糸場で働いている間に亡くなった工女の墓を市内の龍光寺に建て、民営化後も後継者への指導の意欲を示していたが、三井からそうした依頼はなく、この年十一月、職員、工男工女ら全員に見送られ、製糸場を後にした。

十五日に富岡町の有志によって開かれた送別会では、北甘楽郡長が次のように送辞を述べた。

「君は在職中精励勤勉であり、内にはよく製糸の改良をまっとうし、外には広く製糸業の模範を作り、ついに我国の製糸の名声を世界一に達せられました。誰が我が帝国の為にこれを喜ぶとともに、あなたの功績が偉大であることを称賛しないものがいるでしょうか」（前述の『現代語訳』より）

帰京の当日、製糸場から一〇キロ離れた信越線安中駅まで送別の列が人車五〇余台も連なり、さらに高崎駅まで数十人が同行したというから、本当に惜しまれて場長を辞したことが伝わってくる。

五十四歳となっていた速水は、そのまま東京に移り住み、各地で蚕糸業に関する講演を行ったり、好きな謡曲を楽しむなどして余生を過ごした。

前述の毎日新聞の富岡製糸所払い下げの記事には、速水について次のような記述がある。

「何人の手に落るも該業を継続せんとせば先づ現場長速水氏を雇聘せざる可らず」

製糸場経営の実績や地域の人望から、経営者が代わっても速水抜きでは製糸場の運営は成り立たないとの記者の見立てである。周囲からもそのように期待され、本人もその気があったにもかかわらず、三井は全く新しい体制での経営に乗り出すことになったのである。

速水は『六十五年記』に「（三井の落札後も）もし私に委託してくれれば、私は官営の倍以上の成果を上げ国家の模範とし、もし私に依頼しないで担任者が来れば養子とみなしてあらゆることを立派に継続させようと思っていたが、意外にも三井はかえって速やかに私の退去を本省に内願していた。同家は製糸業に精通していないことが残念な点で、おそらく永続しないであろう」（前述の

『現代語訳』より）と、三井の短期間での譲渡・売却を予感している言葉を残している。

以上ざっと概観したように、官営時代の富岡製糸場は、器械製糸における模範・伝習の役割への期待と、収益を生む（あるいは少なくとも損失を出さない）という収支面での政府財政への貢献という二つの役割を担わされてきたことになる。そして前者については、比較的初期の段階でその役割を十分果たしたこと、逆に後者では速水が二度目の所長を務めた一八八六年以降収支が改善し、その意味では慌てて払い下げる必要はない状況にあったこともわかる。しかし、政府としては軍需、鉄道、造幣など国有が望ましい事業を除いては厳しい財政の改善のために民間への払い下げの方針を固めたこと、官営時代後半に所長を務めた速水は、製糸業のプロの経営者として民間による経営が望ましいと判断して、一貫して経営を永続できるような払い下げの道を模索してきたことから、富岡製糸場は「いつか来る」払い下げへと向かって、紆余曲折を経ながらもその道筋に沿って進んできたことになる。

二回目の入札に参加した三井以外の実業家のプロフィールを簡単に紹介したように、誰が落札しても富岡製糸場を大切に守ってくれたような気もするし、林国蔵を代表とする開明社の実質的な中心人物である片倉兼太郎が後に設立した片倉製糸紡績（現在の片倉工業）と三井以外は、現在まで存続しているところがないことを考えれば、巨大な財閥グループを形成した三井による落札で結果としては良かったのだろうという気もしてくる。その辺りの事情は、次章で述べたい。

速水堅曹を顕彰する賞状（提供：群馬県立文書館）

Column #1

富岡製糸場に似た建造物

富岡製糸場は、建造物そのものの価値も高い。一つは、繰糸場など創業時に建てられた主要な建物に見られる木骨煉瓦《れんが》造の構造。そしてもう一つは、繰糸場、東・西繭倉庫の一〇〇メートルを超す長大な建物三棟がコの字形に並び、その周囲に様々な建物が散らばる工場施設の配置である。他ではなかなか見られない造りのように見えるが、国内でも探してみると、似た構造のものが見つかる。

和歌山県には、一見、富岡製糸場かと見まがうほど配置が似た施設がある。国の重要文化財に指定されている「旧高野口《こうやぐち》尋常高等小学校校舎」。空撮映像を初めて見た時には、一瞬、富岡製糸場かと勘違いしたほどである。一九三七（昭和十二）年に竣工した現役の木造校舎で、小学校の現役校舎の重文指定は、全国で二例目である。富岡製糸場の繰糸場に当たる位置には、廊下の長さが九八メートルもある長大なメインの校舎（南北棟）が置かれ、コの字の形に二本の校舎（東西棟）が接続しているが、よく見るとその間にも東西棟が二本あって正確には櫛形になっている。とはいえ、校舎の配置を上から見ると、一直線に瓦屋根が続く雄大な景観の佇まいが、思わず錯覚してしまいかねないほど富岡製糸場に似ている。高野口は、文字通り高野山の南麓にある町で、二〇〇六年に橋本市に合併したため、今は橋本市立高野口小学校となっている。小学校としては、おそらく日本でも最大級の建坪を

国重要文化財　旧高野口尋常小学校
（提供：橋本市教育委員会）

誇るこの木造校舎群は、NHKの朝の連続テレビ小説『芋たこなんきん』(二〇〇六〜〇七年)のロケにも使われるなど、戦前の小学校建築の貴重な典型例となっている。なお、旧高野口町は、高級毛布などに使われる基布に毛(パイル)が織り込まれている「パイル織物」のわが国最大の生産地である。

一方、巨大な木骨煉瓦造の建物として最近一般公開されたのが、愛知県半田市にある「旧カブトビール工場」である。一八九八年、富岡製糸場から遅れること二六年後に明治建築界の巨匠妻木頼黄《よりなか》の設計で完成したビール工場の遺構である。ビール製造は一九四一年に終了し、その後、中島飛行機の倉庫、コーンスターチ工場などを経て一九九四年に完全閉鎖。二〇〇四年に国登録有形文化財となってからも閉鎖されたままであったが、二〇一五年七月にリニューアルオープンした。

半田レンガ建物全景

建物は煉瓦造の五階建ての主棟と二階建ての貯蔵庫棟に木骨煉瓦造の平屋棟が接続した形になっている。イギリス積みのれんがが壁全面に使われ、平屋棟は木の梁のほか、れんがの上に木の梁を表に見せるハーフティンバーと呼ばれる英独仏などの木造民家建築に見られる様式となっている。単純な煉瓦造や横浜新港埠頭保税倉庫(通称「赤レンガ倉庫」)のような鉄骨煉瓦造は珍しくないが、木骨煉瓦造りの代表例としては、富岡製糸場を除けば、このビール工場の遺構が最もよく残されたものといってよいだろう。

半田市は、酢や醤油、酒などの醸造業が盛んで、近年は醸造蔵や製品を運んだ運河の景観を観光資源として売り出しているが、かつての五大ビールの製造施設が公開されたことで、半田市の産業観光の中心施設の一つとなった。中では、復刻された「カブトビール」を味わうこともできる。

カブトビール

第二章　「三井」の華麗な人脈

「三井」という会社

官営期を別にすれば、現在、つまり二十一世紀の今にあって、その後を継いだ「三井」「原」「片倉」の三社の中で最も名が知られているのは、間違いなく三井であろう。住友銀行との合併で単独の名称は消えたが、今も三大メガバンクの一つに数えられる三井住友銀行（旧、三井銀行）をはじめ、三井物産、三井不動産、三井住友海上火災保険、三井化学、三井造船、商船三井など、三井の名を冠した有名企業は十指に余るほどあるし、今は「三越伊勢丹ホールディングス」となっているが、三井財閥の源流である越後屋呉服店に起源を求めることができる三越百貨店は、長い間日本のデパートの代名詞であった。

そもそもこうした個別の企業の名前を持ち出すまでもなく、戦前は三菱や住友と並ぶ有力財閥として、また財閥が解体された戦後も、旧財閥系の老舗グループとして、経済界や産業界で三井の影響力や知名度は圧倒的であった。ＮＨＫ（日本放送協会）の会長を、その資質の適否は別として、池田芳蔵（三井物産社長、一九八八年七月～八九年四月）、籾井勝人（三井物産副社長、二〇一四年一月～）と二人も輩出している企業も、同じマスメディアの朝日新聞社から三人の会長が出ているのを別にすれば、三井だけである。

その超一流企業グループの「三井」と富岡製糸場は、実は地元でも、また世間一般にもあまり結びついて記憶されていない。ちなみに、富岡製糸場の有料ガイドの解説を聞いても、個人差はあるにせよ、四〇分間のガイドの中で、「三井」の言葉はほとんど聞かれない。

三井に所有されたのがわずか九年間と、富岡製糸場の一一五年の操業の歴史から見ると非常に短かったこと、所有時のオーナーが例えば「三井○○」という三井姓の有名人ではなかったこと、あるいはこの後述べるように、三井物産を興し、戦前の三井の経営に大きく力を揮った益田孝が富岡製糸場の経営には直接携わってはいなかったことなど、その理由はいくつも求められよう。

しかし、富岡製糸場が、短かったとはいえ、〝あの〟三井グループによって経営されていたことは、製糸場史を振り返る上で、もっとクローズアップされてもよいだろう。

もう一つの官営工場「新町紡績所」も三井に

群馬県ではそれなりに知られるようになったものの、全国的にはほとんど無名の製糸関連の官営工場が、富岡製糸場の開場五年後に当時の緑野《みどの》郡新町、現在の高崎市新町に設置された「官営新町屑糸紡績所」である。

屑糸紡績所は、製糸場で生糸を作る過程で出た、商品にならない屑糸や、糸を挽くことができない屑繭を集め、それを紡いで糸にした工場である。よく「生糸を紡ぐ」という言い方をするが、富岡製糸場のような製糸工場では、生糸は「紡がない」。「紡ぐ」というのは、紡錘車を使って糸をねじって撚り合わせる作業を指し、綿花、羊毛、真綿(繭をほぐして伸ばしたもの)から糸を作る作業に使われる。繭の細い糸から生糸を作るのは、単に「撚る」「挽く」と呼ばれる。屑糸紡績所は、まさにそのままでは糸にならない塊を原料にして紡ぐからこそ、「紡績」という作業が発生するのである。

屑糸という名前からすると、規模も小さく、二流、三流の糸を細々と作っていたにすぎないように思えるが、当時、屑糸や屑繭が発生する確率はかなり高く、これをゴミとして無価値なまま処分するのと、再び製品化するのとでは、効率的な繭の利用という意味で大きな違いがあっただけでなく、ここで紡がれた糸が国内の織物工場で有効に使われ、多くの名産品を生み出したことを考えると、富岡製糸場を補完する施設として、きわめて重要だったことがわかる。

実際、新町紡績所の開業時の式典には、大久保利通や大隈重信など当時の明治政府の重鎮が多数臨席するほど、注目度の高い施設であった。富岡製糸場に一度も明治天皇の行幸がなかった（皇后と皇太后が創業翌年に行啓しているのみ）のに比べ、新町紡績所には、これも創業の翌年に天皇自ら行幸していることからも、紡績所が重要視されていたことがよくわかる。

この紡績所は、富岡製糸場の建物がフランスの技術に大きく依存して造られたのに比して、富岡製糸場の創業からわずか五年しか経っていないにもかかわらず、日本人のみの手による設計・建設だったことから、日本の建築史上における意義も大きく、現存する創業時の工場の建物と敷地は、二〇一五年に国の重要文化財および史跡に指定された。

内務省勧業寮の管轄下で操業を始めたこの紡績所は、実は、一八八八年、富岡製糸場に先立つこと五年前に、こちらも三井組に払い下げられている。三井が富岡製糸場を所有していた時期には、新町紡績所も三井が経営していたことになる。三井は、二つの蚕糸関連の旧官営工場を所有していたのだ。

その後新町紡績所の方はいくつかの会社の所有を経て、一九一一(明治四十四)年に鐘淵《かねがふち》紡績の工場となるが、東京綿商社を前身とする鐘淵紡績も、この後詳述する中上川《なかみかわ》彦次郎による三井の工業化の政策の下、三井傘下に入った企業であった。新町紡績所が紡績工場としての役割を終え、食品工場として引き継がれている現在も、鐘淵紡績、つまりカネボウの後継会社であるクラシエフーズが所有していることを考えると、まったく異なる企業にバトンタッチされた富岡製糸場に比べ、緩やかな三井の影響下に置かれたまま、戦後まで生き延びたことになる。

三井は、江戸期の呉服店時代、着物を作る絹の取引先として、群馬県藤岡市などの絹問屋と商いをするなど、絹のつながりで群馬と縁を結んだ商人であるが、富岡製糸場、新町紡績所とのつながりもできて、一時期、群馬県と深くかかわった企業でもあった。

「三井家」とは?

二〇一五年秋から翌年春にかけて放送され、朝の連続テレビ小説として初めて幕末から物語がスタートしたことなどで注目を集めたＮＨＫドラマ「あさが来た」。明治時代、女性実業家の先駆者として活躍し、日本女子大学の創立や大同生命保険の設立にかかわった広岡浅子を主人公にしたドラマだが、浅子の出身は、京都の三井家であった。

三井家は、伊勢松坂(現、松阪市)の商人で、江戸中期、京都や江戸に進出し、「現金掛け値なし」

のキャッチフレーズで知られる越後屋呉服店を経営した。三井家の基礎を築き、中興の祖と呼ばれた三井高利《たかとし》（一六二二〜九四）の時代である。高利は息子たちをそれぞれ分家し、以後、「三井十一家」と呼ばれる一族で、本拠の松坂のほか、江戸と京都で呉服店と両替商を手広く商った。

浅子の出た三井は、油小路三井家（冷水家、のちの小石川三井家）と呼ばれる家系で、浅子の父に当たる高益の時代に明治維新を迎え、高益は京都の両替屋を畳み、東京に移り三井銀行の設立にかかわった。江戸時代から幕府の金融を担っていた三井は、維新後は明治政府との関係を深めて、三井組御用所となって政府の金融機関としての地歩を固めていく。その後、小野組とともに、日本初の銀行「第一国立銀行」を発足させるが、のちに手をひき、一八七六年、単独で三井銀行を設立。これが日本で初めての民間銀行となった。

三井には、三井高利の子孫である「十一家」、つまり三井同族と、益田孝のように三井以外の姓を持つ経営者がおり、その関係は非常にわかりにくいが、同族で構成される「同族会」に加え、銀行、物産、鉱山などの各会社の専務理事（実質的な代表）が加わる重役会が経営の中心として機能した。第一回の三井家同族会は一八九三（明治二十六）年十月に開かれているが、三井高保、高喜ら一三人の「三井」同族に加えて、参列員が選任されており、益田孝、中上川彦次郎のほか渋沢栄一も同族会顧問の立場で参列員となっている。

なお、余談だが、京都御所の西に、三井高保が建てた京都三井邸の門が移築され現存している。烏丸通りに面した風格のある唐門は現在、平安女学院大学有栖館（有栖川宮旧邸）の入口となっており、通常は閉ざされているが、季節ごとの特別公開の時には、この門を潜って、有栖館が見学できる。

実質的な製糸場の経営者、中上川彦次郎

前述のように、富岡製糸場を落札したのは、三井高保と実際にはその代理の津田興二であった。また、これまでに名前が出ているように、三井物産の創始者で、実際に企業としての三井を率いていたのは益田孝であるが、三井時代の富岡製糸場の実際の「経営」ということになると、さらに別の人物の名前を出す必要がある。中上川彦次郎（一八五四〜一九〇一）である。もし、富岡製糸場のどこかに、製糸場の発展にかかわった歴代一〇人の額を掛けるとするならば、はずせない人物の一人と言えるだろう。

中上川は、大分・中津藩士の子に生まれ、大村益次郎や福沢諭吉ら多くの人材を輩出した大坂の適塾で学んだ後、福沢の甥という関係もあって慶応義塾に入塾、その後福沢の資金援助でイギリスに留学した際に井上馨と知り合った。その縁で工部省、のちに外務省に勤めたが下野し、福

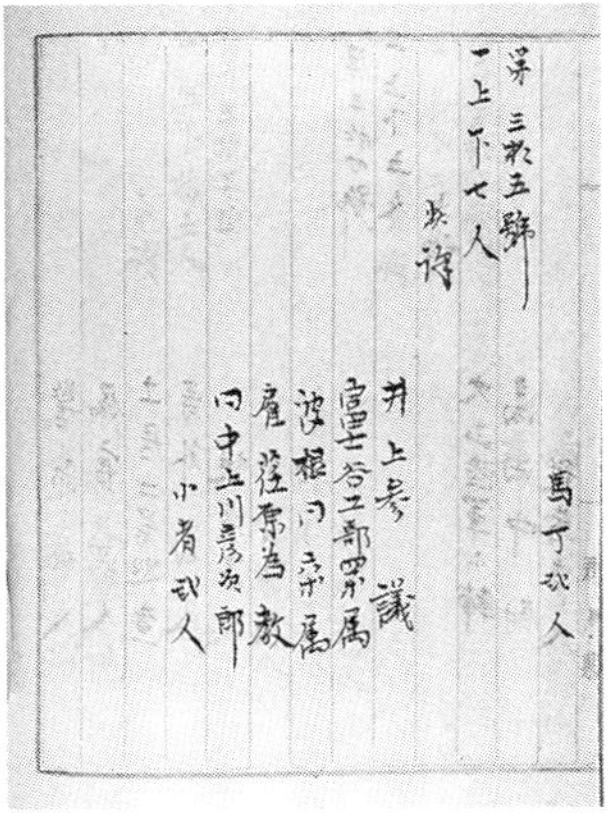

上／中上川彦次郎　下／福沢諭吉（提供：ともに国立国会図書館）下／政府資料の中上川の名前（提供：群馬県立文書館）

沢と共同で「時事新報」を創刊、さらに私有鉄道である「山陽鉄道」の創設に合わせて社長に就任、そして四年後の一八九一（明治二四）年、三井銀行に入行した。中上川、三十七歳の時である。福沢が最も見込んだ経済人であり、それに応えて非凡な才能を発揮した、稀代の経営者であったといってもよい。

中上川の生地、今も武家屋敷の風情が残る中津市金谷町には、その名も「中上川公園」という小さな児童公園があり、中上川彦次郎生誕地として「中津市指定文化財（史跡）」となっていて、一角には彼の功績が書かれた表示板が立てられている。ただし、彼の年譜には、富岡製糸場の文字はもちろんのこと、製糸所の経営に当たったことには一切触れられていない。

群馬県立文書館に保存されている「明治一一年明治天皇北陸東海巡幸」に関する政府の巡幸掛が残した文書には、随行者として井上馨参議（工部卿）の雇人として「中上川彦次郎」の名が残っており、このとき、巡幸の一行は前述した新町紡績所に行幸している。中上川は、井上に誘われてこの年（一八七八年）七月に工部省に入省してわずか一カ月後の八月末から巡幸に同行している。新町紡績所を見たのは二十四歳の若さだったことになる。

ちなみに、彼が初代社長となった山陽鉄道は、一八八八年に設立、官営鉄道の京都〜神戸間に接続する形で、山陽筋を西へと路線を延ばしていた。九一年暮れには、神戸から広島県の尾道まで鉄路をつなげている。一八九四年に始まった日清戦争の直前には広島まで延伸され、兵員の大陸輸送に大きく貢献した。各地から広島に到着した兵士は、市内の宇品《うじな》港から船で大陸の戦地へと運ばれた。一九〇一年に下関まで開通後、国有化され山陽本線となってＪＲに引き継がれている。瀬戸内航路の船と競合したこともあって、食堂車、寝台車、鉄道会社直営ホテルを日本で初めて取り入れるなど、官営鉄道にはないサービスを次々と打ち出したことでも、日本鉄道史に燦然と輝く鉄道会社であった。言うまでもないが、現在も神戸～姫路・網干《あぼし》間にＪＲに並行して路線を伸ばす私鉄「山陽電鉄」とは全く別の会社である。

四　製糸場の経営

三井は銀行部として富岡製糸場を落札したが、一八九四（明治二十七）年に創られた工業部が製糸場の経営を任された。中上川は、抵当流れで所有することになった栃木県の大嶋《おおしま》社の製糸工場を引き継いでいたほか、さらに新たな工場の建設に着手した。

上／中上川公園　中／中上川公園に建てられた彼の事跡を示した表示板（大分県中津市）

『中上川彦次郎伝記資料』に収められた野口寅次郎氏の「製糸業と中上川氏」という文章の中で、野口は中上川の製糸への思いをこのように記している。

「三井が此の製糸事業（筆者注、大嶋社のこと）に携ってからは其の成績頗《すこぶ》る良好である為め、漸次に拡張して政府所有の富岡製糸所を払下げ、引き続き中上川氏の計画は愈々拡大して八王子、中津及び伊勢、名古屋に製糸所施設の議起り、前二者は私に後者は津田氏に其の調査を命じられた」

結局、八王子と中津は水利が悪いなどの理由で断念、津田興二が調査した伊勢(三重県三重郡三重村、現在四日市市)と名古屋(愛知県西春日井郡金城村、現在名古屋市北区)の製糸所は三井の手で創設され、ここに、富岡、大嶹、三重(伊勢)、名古屋の四製糸工場体制が確立したのである。

ちなみに、三井が落札した一八九三(明治二十六)年の時点で、二〇〇釜以上の一定規模の器械製糸工場は、まだ二二カ所に過ぎない。規模の順では、第一位「朝陽社」(長野県上伊那郡)三四七釜、第二位「萩原製糸場」(東京府南多摩郡小宮村、現在の八王子市)三四〇釜、第三位「松城館」(長野県松代町)三二五釜となっており、富岡製糸場は三二四釜で第四位、つまり創業時には世界最大級の製糸工場だった富岡製糸場を上回る規模の工場が三つほど造られていたことになる。

中上川を評したこの野口寅次郎は、旧前橋藩士の家に生まれ、「横浜貿易新報」の記者を経て、中上川により、一八九二年に三井銀行に採用された人物で、のちに三重製糸所、大嶹製糸所の所長を務めているため、彼にとっては恩人の中上川評は多少割り引いて読まなければならないかもしれないが、同じ資料でさらに次のように中上川を褒めている。

「製糸に対する中上川の執着は此の如くして機会ある毎に拡張を心組まれ、従って此の事業に関する説明を我々から詳細に聴取される事を怠らなかったと同時に、其の独創的明快なる頭脳は陸続として新案出を生み、当時に於ける三井の製糸事業は着々として歩を進むるに至った」

三井における製糸の前途は洋々、そんな勢いが伝わってくる中上川の製糸への傾倒ぶりである。

三井時代の三人の工場長

富岡製糸場における三井の経営はわずか九年間であるが、入札時に三井高保の代理として札を引いた当時の大嶹製糸所の所長津田興二が二年半工場長を務めたのち、短いサイクルで小出収、藤原銀次郎、小出収（再任）、津田興二（再任）と三人が五代にわたって経営の責任者となっている。

津田は中上川の経歴をなぞるかのごとく、中津出身かつ慶応義塾の卒業生で、時事新報の記者や福岡県師範学校長を歴任し、三井に入った。余談だが、ＪＲ南武線の「津田山」駅（川崎市高津区）は、彼の名前から採られている。津田は、三井を辞した後、玉川電気鉄道（のちに東急電鉄に吸収）の社長を長く務めた。その折に開発した現在の川崎市多摩区の住宅地が彼の名字から採られて「津田山」と呼ばれるようになり、駅名にまでつながったのである。彼が開発した住宅街の中にある

上／三重（室山）製糸場　中／津田山駅　下／津田の顕彰碑、富岡製糸場の文字

「津田山公園」には、彼の「頌徳碑」が立っている。高さは三メートル余りもあり、題字は首相を務めた犬養毅、撰文は慶応から時事新報、そして三井へと津田と同じ道を歩んだ波多野承五郎。「製糸事業を担任し、官立富岡製糸場を払下げ国中枢要の地に分工場を設置してその業務を拡張し…」と、経歴の中に富岡製糸場の払い下げを受けたことも書かれている。

小出収《おさむ》（一八六五～一九四五）は、石見浜田藩士の長男に生まれ、こちらも中上川同様慶応義塾を卒業後、山陽新報、信濃毎日新聞の記者・主筆を経験。三井銀行では手代を務め、一八九五年三月に富岡製糸所に入所、同年十月には副支配人、九六年五月にはわずか三十一歳で所長に抜擢されている。名古屋製糸所の支配人にも取り立てられ、のちには王子製紙の支配人となり業績を向上させている。彼が六十歳の時に本郷区（現、文京区）西片《にしかた》に建てた自邸は、現在、東京都小金井市の「江戸東京たてもの園」に移築され、内部を見学することができる。シャープな外観とシンプルでモダンな内装は、のちに明治大学教授などを務める建築家堀口捨巳の初期の作品として異彩を放っている。

そして三井時代の三代目所長である藤原銀次郎（一八六九～一九六〇、長野県生まれ）は、所長の期間はわずか一年半と短いが、富岡製糸所から三井のグループ企業である王子製紙に移り、社長となった。王子製紙はのちに富士製紙などと合併し、日本の製紙の八割のシェアを持つ巨大企業へと発展、その新・王子製紙でも社長を務め、「製紙王」の称号を奉られるまでになった。さらに、貴族院議員となり、商工大臣、国務大臣、軍需大臣を歴任、また私財を投じて、藤原工業大学、次いで藤原科学財団の設立と、教育の分野でも大きな貢献をした。藤原工業大学は、戦時中に藤原の母校である慶応義塾大学に編入され、現在の理工学部（横浜市港北区の矢上キャンパス）となっており、構内には一九五〇年に制作された藤原の胸像が今も学生たちを見守るかのように校舎の間に立っている。

藤原は、富岡製糸場の「所長」となった時の心持ちを、回顧談で次のように語っている。弱冠二十七歳で支配人となることを打診された時のことである。

「その時分、富岡工場と言えば労働者を千五百人も使って、日本としては模範的な大工場であった。フランス人の技師が工場を拵え、奏任官（筆者注、官吏のうち、高等官三等〜八等に相当する役職）で知事の次位のえらい役人が経営していた。それを二八くらい（筆者注、数えの年齢）の若い自分がその支配人になるというのであるから、こっちも心持ちが有頂天になって『よろしう御座います。引き受けます』といってありがたく引き受けた」。

何につけ若年で大学教授になったり、組織のトップになったりする明治時代であったが、新聞記者上がりの二十七歳の若造を工場長に据えた、しかもそれがすでにこの時点で創業から二〇〇

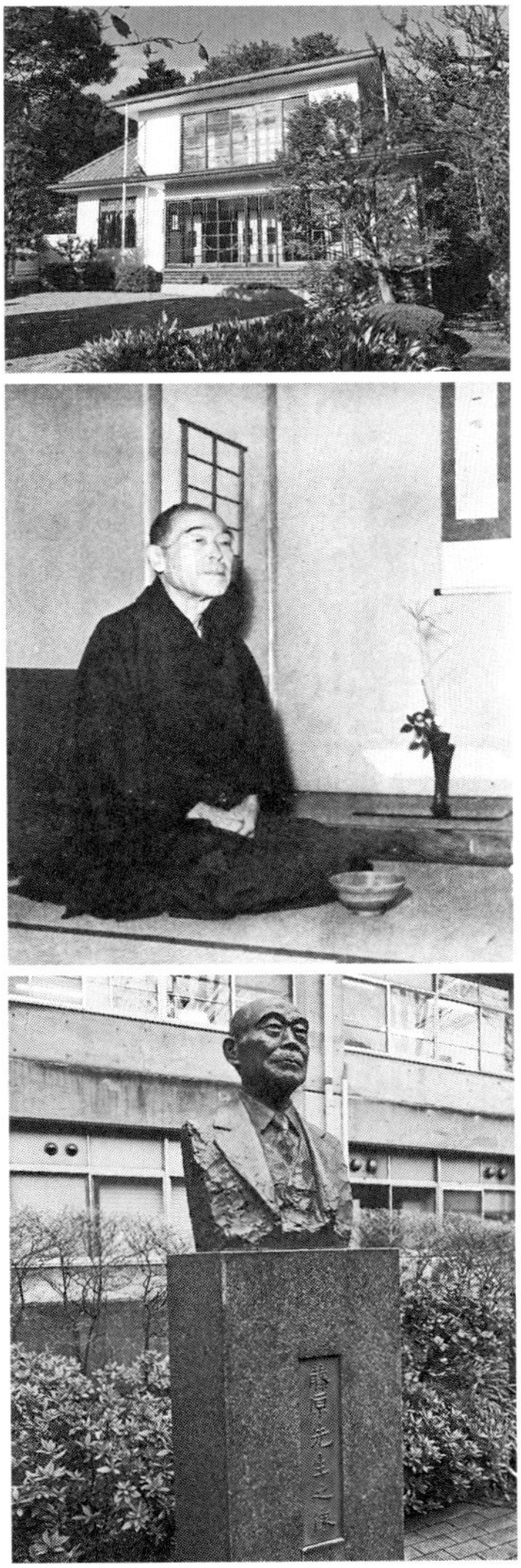

上／小出邸（江戸東京たてもの園）　中／藤原銀次郎（提供：国立国会図書館）　下／慶応大理工学部キャンパスの藤原銀次郎胸像

年を経ている、三井という老舗であることを考えると驚きを禁じ得ない。

富岡製糸場の改革

この三人のもとで、富岡製糸場は設備の改良と規模拡大へと思い切った改革の時代を迎えた。所有後、早速最も重要な器械である繰糸釜を増設、最終的に五〇釜を追加して規模を拡大した。こうした増設に伴い、コの字に囲まれた内部に新たに繰糸場を建設し、従来の繰糸場と合わせて、二棟の繰糸場での操業となったほか、繰糸場にあった揚返《あげかえし》（巻き取った生糸をもう一度巻き返す作業）の器械を西繭倉庫の一階に移した。揚返は水分をできるだけ乾燥させ生糸の固着を防ぐ役割もあるが、その意味では蒸気が充満する繰糸場と揚返場が分離されたことは理に適っており、以後、現在まで明治初期の繰糸場は操業停止まで、まさに繰糸作業のためだけの場所となった。考えてみれば、規模拡張の際に、繰糸場そのものに別の建物をつなぐなどして外観を大きく損ねるような改築があっても不思議ではなかったが、増設分は広い敷地の空き地に建てられたため、結果として明治初期の工場が残されたのは、現在から見れば僥倖《ぎょうこう》だったとしか言いようがない。

また、設備面では、煙突・汽罐《きかん》（ボイラー）・汽罐室の新調などが行われたほか、寄宿舎、生糸乾燥所と生糸検査所の新設など、矢継ぎ早に創業時から二〇年以上経って古くなったもの、時代に追い付けなくなったものを入れ替えていった。

また、工女の賃金の支払い方法についても、月給制から日給制へ、さらに出来高制(目取制)へと変更したが、工女から不満が出、罷業《ひぎょう》につながったこともあった。

中でも、最初の所長である津田は、繭の乾燥法の改良に熱心に取り組んだ。彼は、製糸の要は繭をいかにうまく乾燥させるかだと考え、繭の乾燥と保存方法の改良に力を注ぎ、『繭乾燥叢話』(一九〇一年五月　津田興二講話、滝川虎三・古郷時待筆記　丸善発行)という著書まで執筆している。

その冒頭で、「近年我《わが》製糸業は益《ますま》す発達して来《きたっ》て進歩改良の頗《すこぶ》る見るべきものありと雖《いへ》ども、兎角秩序を欠いて居る。所謂る学理応用と言ふ本筋を履《ふ》んで進歩し来らざるを以て或る点は進んで或る点は甚しく後れて居る。繭乾燥法の如きは即ちその一例と云ふて宜しい」と、いきなり、富岡製糸場の繭の乾燥法は甚だしく遅れているという認識を表明してから、具体的な私論へと入っている。

現在の富岡製糸場の構内の建物で、三井期に建てられて今も残るものは、ブリュナ館に接する寄宿舎、鉄水槽北側の副蚕《ふくさん》(生糸にできなかった屑糸などのこと)倉庫、敷地の北辺中ほどに点在する社宅群などごく一部に過ぎないが、まさに技術革新に合わせた改築を行った、名短距離ランナーであったと言ってよいだろう。

そのことを知って、これらの一見地味な建物に接すると、短いながら三井が富岡製糸場に果した大きな役割が伝わってくる。

三井時代に増設した繰糸場、のちに副蚕倉庫(真ん中の建物)

中上川の三井への功績

先ほど、中上川評を述べた野口寅次郎は中上川による採用だと述べたが、実は、中上川は三井に入ってから亡くなるまでのわずか一〇年間に実に多くの人材を三井に採用している。

中上川自身、益田孝が三井物産を設立した時から三井と縁が深い政界の大物井上馨の要請を受けて三井に入ったいわばよそ者だが、それが入社後、次々と自分の人脈につながる逸材を三井に引き入れた。それは、「中津」人脈と「慶応」人脈である。

中上川は、前述のように母が福沢諭吉の姉の婉《えん》で、縁戚関係にある。十四歳で福沢の慶応義塾に入門、二十一歳になると福沢の費用で三年間ロンドンに遊学、このときに井上馨と知り合っている。帰国後は外務省の役人になり局長まで進むが政変で下野、福沢が設立した「時事新報」の社長を経て、山陽鉄道設立と同時に社長となっている。まさに、福沢とのつながりがそのまま人生の歩みとなっているほど縁が深い。それが「中津」「慶応」人脈を篤く登用した理由であろう。

「中津」「慶応」の両方につながる人物では、朝吹英二（彦次郎の義弟、のちの王子製紙会長）、入札時に名前が出た津田興二がいる。また、慶応出身者として、工場長を務めた小出収、藤原銀次郎のほか、藤山雷太（のちの芝浦製作所所長、大日本製糖社長）、武藤山治（のちの鐘淵紡績社長）、池田成彬（中上川彦次郎の女婿、のちの日本銀行総裁、大蔵兼商工大臣）と、その後の実業界を担った人材が目白押しである。

中上川に人を見る目があったのか、富家の子弟が多いといわれた慶応にたまたま実業界にふさわしい人材が集まっていたのか、あるいは三井に人材を育てる力があったのか、まさに綺羅星のごとくといった豪華さである。

ちなみに、慶応義塾は三井だけでなく三菱財閥の人材供給校でもあった。初代岩崎弥太郎と福沢は孫同士が結婚している血縁があっただけでなく、荘田平五郎、山本達雄、阿部泰蔵（明治生命創始者）ら福沢門下生が次々に三菱に入り、次代を担う逸材となる。また、弥太郎の長男でのちに三代総帥となる久弥も慶応で学んでいる。草創期から「理財学」を重んじ、実業界と深く結びついた慶応義塾の性格が伝わってくる。

余談だが、福沢が初めて洋行をしたのは、一八六〇年、ポーハタン号による遣米使節に随行した咸臨丸でのアメリカ行きである。このとき、ポーハタン号には前述のように小栗上野介が乗っていた。二人はともに幕臣でありながら、当時の主流の思想であった「攘夷」などできるはずもなく、西洋の文明を取り入れることが急務であるという考え方は共通していた。ここでも、間接的ではあるが、小栗の思想は三井を通して富岡製糸場に流れ込んでいるように思えるのである。

左／藤山雷太　右／武藤山治（提供：国立国会図書館）

路線対立と中上川の死

工業部では、製糸工場と三池炭鉱のほか、北海道炭鉱鉄道、鐘淵紡績、芝浦製作所、王子製紙などを傘下に収めていた。これらの事業所は、日清戦争後の好景気もあって順調に業績を伸ばしたが、その反動で景気が悪くなると赤字になるところも多くなった。さらに、当時の有力紙「二六新報」が三井への攻撃を連載するようになり、中上川の三井内での立場は一気に悪くなった。

戦前、長きにわたって三井グループの代表ともいえる座にあった一人の傑物、それが益田孝であるが、これまで名前が一切出てこない。しかし、三井銀行と並んでもう一つの三井グループの中心となる三井物産を創立し、中上川の工業化路線とは別の道を見据え、彼の死とともに第一線に登場し、富岡製糸場の原合名会社への譲渡を行ったのは益田であった。

中上川・益田と同時期に三井に籍を置き、のちに三井銀行の代表となる村上定の資料には、三井物産が大きな損失を招いた際、その処理に厳しく当たるよう命じた中上川に対し、益田が「怨《うらみ》骨髄に徹し酷く含む処があった」との記述があり、路線対立は個人的な怨みもはらんで抜き差しならないようなところにまで至ったことがうかがえる。ちなみに、中上川は山陽鉄道の社長を辞任する直前にも、社内の路線対立の一方の当事者となり、それが辞任につながったとされている。性格的にはかなり激しかったといわれる中上川は、行く先々でぶつかってしまったようだ。

こんなさなか、中上川は病に倒れ、二年間の闘病の末、一九〇一年、四十八歳の若さで世を去った。彼の死後、三井の実権を握った益田は、三井組の将来を銀行と商社と鉱山に絞った方が良いと考え、製糸所の売却を選択した。多くの工場を所有し、また銀行や商社も業績を伸ばしていたことを考えれば、三井全体では富岡製糸場の売り上げや収益はそれほど大きくはなかったと考えられる。

益田は一九〇二（明治三十五）年六月六日の三井第一七回管理部会で次のように発言している。

「体面上又は関係上に於て三井家に所有すべき株と容易に売り切りし難き鐘紡・王子製紙の如き株式と流れ込み不動産中永く所襲とすべきもの等は（中略）、都合の限り同族会に買い取り固定資産を活用資金に変し以て出来うるだけ得意先の便利を謀り、真に商業機関銀行たらしむることを勉めざるべからず。」（『三井事業史　資料編4下』）

つまり、三井銀行が恐慌による取り付けなど非常事態に備えるには、不動産などの長期固定資金を回収して資金を流動化し、一般商業者を対象とする商業銀行に徹すべきだと上層部に迫ったのである。

ちなみに、三井が所有していた四製糸場のうち、大嶹、三重、名古屋の三工場は、三井経営下では、「損失勝」（損失が勝っている、『日本蚕糸業史』より）となっていた。

製糸場を売却へ

とはいえ、誰もがこの意見に賛成だったわけではないようだ。売却時には三重製糸所長だった先述の野口寅次郎は、富岡など四つの製糸場の売却について、次のように述べている。

「明治三四年中上川氏没せらるゝや、工業部は廃されて生糸販売は三井物産の手に移り同時に製糸所は三井呉服店に移り、中上川氏が多大の希望を抱いて漸く成功の緒に就かしめたる製糸所を横浜の原富太郎氏に売却して了った。其の売却案を決定する為めには各所長に招集が行はれたが、私は反対の意見を有した為め、其の議にあづからず、明治三四年（筆者注、実際には明治三五年）職を辞して伊勢に閑居した」

中上川派ともいうべき野口は、売却に反対であったため、各所長が招集された会議にも呼ばれず、結局会社を去ったことがわかる。この路線対立がなければ、そして中上川が突然命を落とさなければ、富岡製糸場は当分、三井の手で経営が続けられたかもしれない。

八月一日の管理部会では益田孝が原富太郎との売却交渉が進んでいると報告、八月十二日にも、売却交渉についての議題が出されている。

こうして三井は、一九〇二年九月十三日、富岡製糸所を含む三井所有の四製糸所を一括して原合名会社に譲渡した。原が支払ったのは、一二三万五千円、うち一三万五千円は、一〇年の年賦払いであった。

ちなみに、売却直後の九月一六日の三井の重役会では、原合名会社に譲渡された四製糸所の各所長の処遇が議題に上っている。富岡製糸所長津田興二（当時月給二三〇円）は「当方の都合により暇申渡」、売却に反対だった三重製糸所長野口寅次郎（月給一九〇円）も同様。これは、「職を辞して伊勢に閑居した」という本人の述懐に符合する。

加藤豊名古屋製糸所長（月給一六五円）と長田竹次大嶹製糸所長（月給一〇〇円）は「東京本店勤務申渡す」となっている。四製糸場のうちでは、富岡製糸所長の月給が一番高いこともわかる。

製糸所閉鎖に伴う退職者には勤続慰労金が支払われることになり、対象者は三八人、うち富岡製糸所は所長の津田を除いて一三人との記述がある。津田には一〇年六カ月の勤務に対し、慰労金六五〇〇円の支払いを重役会で確認している。滝川虎蔵以下、富岡勤務一三人の社員には合わせて一五四五円。現在の金額にすると、ほぼ五千～一万倍の価値となるので、三井はかなり高額な慰労金を支払っていることがわかる。そして後述するように、津田は原合名会社に移った富岡製糸所で再び所長となっている。

佐渡に生まれた益田孝

ここからしばらく、原合名への橋渡しを行った益田孝について触れておきたい。

益田は三井の富岡製糸場所有時代には、三井の方針を決める中枢である「三井元方」の委員を中上川とともに務めており、まさに経営の中枢にはいたが、富岡製糸場の経営には直接携わっておらず、中上川の死去後、時を置かず原合名会社に売却した。一見、富岡製糸場を忌避しているようにさえ見えるが、三井物産時代に富岡製糸場で作られた生糸を海外で販売していたこと、富岡製糸場の払い下げの際には、彼が払い下げを受けるのではないかと噂され新聞に書きたてられたこともあったこと、そして何より次の経営者である原富太郎と深い縁を結んだことなど、彼も富岡製糸場に縁の深い経営者といってよく、特に原への売却には大きな役割を果たしていたキーパーソンであり、

益田孝（提供：国立国会図書館）

『富岡製糸場経営史』には登場させておきたい人物である。

益田家は、代々、天領・佐渡の地役人で佐渡金山の管理を生業としていた。孝（幼少時は徳之進）は一八四八（嘉永元）年、その金山の奉行所が置かれた相川で父鷹之助の長男として生まれた。その後、箱館奉行所勤務となった父に従って箱館（現在の函館市）に移り、さらに江戸へ出て、通訳として幕臣に連なり、アメリカ領事館の勤務となった。英語は、箱館時代に習ったほか、上京後、アメリカ人医師でのちに明治学院などを開くヘボン博士の夫人に習ったといわれている。一八六三年暮れには、幕府がフランスに派遣した使節団に父とともに加わり、マルセイユ経由でパリを訪れた。一八五九年に開港した横浜港の閉港の談判を目的とする使節団である。

彼がのちに貿易に従事し、三池鉱山の経営にこだわった経歴が、こうした幼少期から青年期の経験から来ていることが推察できる。佐渡では父の仕事を通じて、鉱山経営の大変さと重要性をおぼろげながら肌で感じ取ったことだろう。

富岡製糸場が操業を開始した一八七二年、益田孝は大蔵省に出仕した。二十五歳の時である。そして「造幣権頭《ごんのかみ》」の辞令を受ける。貨幣の鋳造を司る造幣寮のナンバー2である。しかし、わずか一年余りで大蔵省を去ることになる。井上馨、渋沢栄一が大蔵省を去った時とほぼ同じ頃に下野、井上が七四年に「先収会社」を置くとともに、その東京本店の頭取となった益田は、主に米穀取り引きを中心とする貿易会社で腕を揮うようになる。その後、一八七六年、井上が政界復帰のため先収会社を離れることになったころ、先収会社を引き継ぐ会社を新しく立ち上げることになり、益田が当初「総括」、のちに社長となった。三井物産の誕生である。この物産の誕生と時を同じくして三井銀行も発足している。さらにその直後に、三井の直系が経営する「三井組」

の商事組織と合併し、以後は、富岡製糸場の経営・分離時も含め、「三井物産」ではなく、「三井組」として登場することになる。

三井物産を立ち上げたのち、益田の仕事場は貿易の最前線である横浜へと移った。この三井物産時代、益田は多くの産品を扱ったが、生糸ももちろん大きな柱であった。

また、益田の名を今に残す一つの功績に、「中外物価新報」の創刊がある。一八七六年十二月のことである。彼が発刊の際に相談したのは渋沢栄一であった。渋沢は、渡欧時にイギリスで「ロンドン・タイムズ」などを目にした経験からアドバイスし、創刊にも協力。ここに、毎週日曜配達の週刊紙で、タブロイド判よりやや大きめの四ページ建ての経済新聞が誕生したのである。米をはじめ、雑穀、塩、酒、鉄などの相場や価格が第一面で、二面以降は国内各地の物産品の相場やロンドンの市況や横浜輸出入品の相場など、その名の通り「物の価格」満載の情報紙である。発刊費用はすべて益田の私費であったが発行は三井物産で、その機関紙的性格が強かったといわれている。のちに、経営形態や紙名に多くの紆余曲折があり、現在の「日本経済新聞」になったのは、一九四六(昭和二十一)年のことである。

富岡製糸場の払い下げまでに益田孝が力を注いだのは、九州の官営三池炭鉱の石炭の独占販売と、民間への払い下げの落札である。

三井三池炭鉱　宮原坑(熊本県荒尾市)

富岡とほぼ同時に三池炭鉱を払い下げに

最終的には、富岡製糸場などの製糸工場を手放し、傘下の企業も独立させるなど、商社、銀行という非生産企業へと回帰していく三井であるが、現業にこだわり払い下げ後もずっと三井の名で経営を続けた業種があった。それが富岡製糸場とほぼ同時期に払い下げを受け、その後、経営の近代化を図り、日本でも有数の炭鉱として戦後になっても長く繁栄した三池炭鉱（福岡県・熊本県）である。二〇一五年に世界遺産に登録された「明治日本の産業革命遺産」の構成資産二三件のうち、三池炭鉱関係としては、「宮原坑」「万田坑」「三池炭鉱専用鉄道敷跡」「三池港」「三角西港」の五件が該当している。「富岡製糸場と絹産業遺産群」「明治日本の産業革命遺産」という二つの世界遺産にかかわっている企業は三井だけであり、銀行や商社、不動産のイメージが強い三井の広い守備範囲がよくわかる象徴的な世界遺産への相次ぐ登録であった。

三池炭鉱は、十八世紀前半に福岡・柳川藩の手により採炭が開始され、のちに柳川藩と同じ一族である三池藩でも藩内の坑道からの採掘が始まった。明治に入り、一八七三年に官営となり、七六年には三井物産が石炭の販売を一手に担うようになった。その折石炭の重要性に気づいた益田は、どうしても三井で払い下げを受けたいと、四百万円以上と言われた高額な払い下げ価格の資金繰りに奔走、わずかな差で三菱を上回り落札することができた。

この三池炭鉱の実質的な経営者は、血盟団事件（一九三二年）で暗殺されたことで歴史に名を残す団琢磨《たくま》（一八五八年〜一九三二年）であった。マサチューセッツ工科大学（アメリカ・ケンブリッジ）で鉱山学を学び、工部省三池鉱山局に勤務、払い下げののちはそのまま三井に移り、三池炭鉱の経営に邁進した。富岡製糸場では、速水堅曹の継続雇用を望まなかった三井は、鉱山経営では、官営時代の専門家を引き抜いてそのまま経営を任せたのである。いかに鉱山経営に力を注いだかがわかる両者の差である。

益田の狙い通り、三井のドル箱となった三池炭鉱の経営手腕を買われ、団は益田孝の後を継いで三井の総帥に上り詰めただけでなく、のちの経団連となる日本経済聯盟会を設立し、その会長にもなるなど、日本の経済界のトップに君臨した。銀行でも物産でもない「炭鉱」の責任者が、三井の「顔」になったのである。もし、中上川が病死せず、三井が製糸業にも見切りをつけずに片倉のように次々と製糸業を拡大して成功していたら、また別の三井の顔ができあがったかもしれない。なお、団琢磨は三井の後に富岡製糸場を引き継いだ原合名会社の原富太郎とも縁戚関係にある。富太郎の長男善一郎の妻が琢磨の娘という間柄であった。

上／団琢磨像（大牟田市）　下／三井鉱業所の銘板

工場兼営から商社・銀行専念へ

製糸場を手放した後の三井について少し触れておきたい。

益田孝は、製糸場が三井の手を離れるこ

となった一九〇二年に三井家同族会事務局管理部の専務理事に就任し、実質上の会の主催者となった。これは三井の最高評議機関であり、以後益田は様々な業績を向上させ、財閥としての三井の地位を揺るぎないものにしていく。

一九〇四年、三井呉服店は「三越呉服店」と改組され、日本初の百貨店となった。当時、顧客に送った「米国に行わるるデパートメントストアの一部を実現致すべく候」と書かれた挨拶状から、三越創立は「デパートメントストア宣言」と呼ばれ、一九〇五年一月一日の新聞に全面広告を打って世間の耳目を一身に集めた。一九一四年に完成した新館（現在の日本橋本店本館）には、入口に今もシンボルとなっているライオン像が置かれ、店内には日本初のエスカレーターが設置された。一九〇九年には持ち株会社である三井合名会社が設立される。益田は顧問となっていたが、三井合名が理事長制を敷くと初代理事長に団琢磨を推薦し、自らは相談役に退いた。

東京・中央区の日本橋室町、三越百貨店の北隣に新古典主義と呼ばれる大列柱が並ぶ巨大なビルが威容を構えているが、これは一九〇二年に駿河町に完成した三井本館が関東大震災で類焼したため、一九二九年に新たに建てられた「新・三井本館」である。設計・施工ともアメリカの会社で、使われている大理石もアメリカ産。三井合名会社の本社のほか、三井銀行、三井不動産、三井鉱山の本社が入った、まさに三井財閥の総本山であり、血盟団事件（一九三二年）で団琢磨が射殺されたのもこの本社の玄関前であった。現在この本館は、三越百貨店日本橋本店（二〇一六年指定）とともに重要文化財となっている。七階には三井家所蔵の美術品を展示する「三井記念美術館」が入っていて、豪華なビルの内装の一部を垣間見ることができる。

益田孝から大茶人「鈍翁」へ

三井の総帥であり、日経新聞の生みの親である益田には、もう一つ全く別の顔がある。それは、「鈍翁《どんのう》」の号で知られる数寄者の顔である。そして、ここに次のバトンランナーである原富太郎（号、三溪）との深いつながりが見えてくる。

益田は三井物産設立の頃から美術品の収集に目覚め、絵画、工芸品、茶道具など生涯に四千点余りのコレクションを築いている。平安時代の大和絵の傑作『源氏物語絵巻』のうち、「鈴虫」「夕霧」「御法」の三帖はその中でも白眉で、現在は東京・世田谷区の五島《ごとう》美術館に所蔵されている。もちろん、国宝である。

上／現在の三越百貨店本店　下／三井本館

現存する歌仙絵巻の傑作『佐竹本三十六歌仙絵巻』の分割処分を依頼されたことも益田の美術への造詣の深さをうかがわせる有名なエピソードである。あまりに高価で買い手がつかず、裁断して売り出すことにしたという日本美術史上名高い「美術品処分」である。この断簡は、益田本人以外に、原三溪や団琢磨など三井、原関係者も購入している。

とはいえ、彼は金に飽かせて自分の所有欲を満たすために美術品を買いあさったのではない。明治初期、貴重な国内の美術品、特に仏教関係の絵画や仏像が海外に流出するのを憂い、なんとかそれを止めたいという気持ちが益田には強かった。奈良の興福寺（世界遺産「古都奈良の文化財」に登録）が資金に困り、仏像などを処分しようとした際にも、益田は三万五千円を払ってまるごと引き受けた。一九〇七年頃の話だというから、現在の金額に直せば、三億円近い金額である。

さらに益田の名を高めているのは、茶人としての顔である。現在も毎年、東京・根津美術館で開かれる「大師会」という茶会の催しがある。一八九六年というから、三井が富岡製糸場を経営している間のことになるが、彼の品川・御殿山の自邸で、前年に入手したばかりの『崔子玉《さいしぎょく》座右銘《ざゆうのめい》』という弘法大師の書を披露するために、親しい友人を招いた茶会が始まりであり、また名前の由来でもある。参加者の名簿を見ると、森村市左衛門（森村組、日本陶器などを設立した実業家）、馬越恭平（三井物産から大日本麦酒社長へ）、福地源一郎（作家、衆議院議員）など錚々《そうそう》たる名前が並ぶ。以来、三溪園（横浜市、次章で詳述）、畠山美術館（東京・港区　荏原製作所の創業者畠山一清が設立）、護国寺（東京・文京区）など場所を移しながら毎年開かれている歴史ある催しで、京都の光悦会と並ぶわが国の二大茶会と言われている。二〇一四年には、ちょうど一〇〇回目の大師会が開かれている。

茶会は単にお茶とお菓子を愉しむ場ではなく、床の間に掛ける軸、花を活ける花器、そして茶道具と、美術の名品を愛でる場、あるいは自慢する席であり、茶会を開けるということは、イコール披露できる美術品を所有しているということであった。

益田はこの「お茶人脈」で、政治家、実業家、美術商などと広い交流を育み、いつしか「千利休以来の大茶人」とまで言われるようになった。その中でも、年齢的には二十歳あまり年下の原三溪とは古美術コレクターの同士として、また茶会を通した友人として深い親交を結んだ。

箱根・強羅公園にある白雲洞と名付けられた国登録有形文化財の茶室は、一九一六（大正五）年頃に、鈍翁が古材を使って建てた野趣あふれる山荘付属の茶室である。鈍翁は小田原に別邸を所有していたこともあって、箱根は身近な息抜きの場所であった。おそらくかなり気に入っていたであろうこの茶室は、建築後六年足らずの一九二二年、原三溪に譲られている。そう、まるで、三井から原合名会社に譲られた富岡製糸場のように。

松永安左エ門（提供：国立国会図書館） 下／白雲洞茶室
（神奈川県箱根町　提供：箱根強羅公園）

古美術を愛してやまなかった二人の間に、富岡製糸場を大切に使うような申し渡しは記録には残されていないが、こうしたつながりからある種の信頼が二人の間には確実にあったと思われる。残念ながら、原合名会社も三六年後には富岡製糸場を別の企業に売却することになるが、この白雲洞も三溪の死の翌年、原家から松永安左エ門（一八七五〜一九七一）に譲られた。松永は電力会社の経営に力を注ぎ、「電力王」の異名をとる一方、「耳庵《じあん》」の号で、鈍翁、三溪と並ぶ「近代三大茶人」と呼ばれた人物である。

「富岡製糸場は、三井が九年間所有していた」と、たった一行で片づけられてしまいがちな三井時代が、こうして見てきたように、その背景には日本の政治・経済・文化の多面的なつながりが隠されていたのである。

短いランナーであったがゆえに

以上見たように、三井による九年間は、ある意味では「特異」な期間だったといえるかもしれない。呉服商から両替商、そして銀行や商社へと、前近代的な旧来の商売から欧米の近代的な企業のあり方を吸収して大きく変わり成長しようという事業体が、勃興しつつあった黎明期の工業にも手を広げようと模索した時期に入手したことで始まったのが、三井による製糸場経営である。

官営時代の富岡製糸場が、パリなどを視察した渋沢栄一の手によってスタートを切り、フィラデルフィアで世界の生糸の品質やマーケットの最前線を体感した速水堅曹によって締めくくられたとすれば、三井時代はロンドンに遊学した中上川彦次郎らにより近代経営の基礎が築かれ、その後はこれまた幕末にアメリカを自ら見た福沢諭吉の門下生が次々と工場経営に携わったという、ある種の相似形を見て取ることもできる。

また、三井からすれば、早逝した中上川彦次郎はともかくとして、わずか九年間に入れ代わり立ち代わり「製糸場経営」を経験した三人が、それぞれ蚕糸業とは全く別の企業の経営者となっていることを考えると、富岡製糸場が未来の経営者を育てた、ということにもなる。三人はまだ正式な「大学」にはなっていなかったとはいえ、当時先端的なカリキュラムを持っていた慶応義塾という、幕末までの寺子屋や私塾とは一線を画したビジネススクールの走りのようなところで学び、三人とも新聞記者の経験を経た上で三井に来た者たちである。

津田興二は、原合名に引き継がれた後も富岡の所長を務めたのち、東京信託株式会社の社長から、一九〇九年に先述したように玉川電気鉄道の社長に就任している。渋谷〜玉川（現、二子玉川）間の軌道経営だけではなく、路線の相次ぐ延伸、現在の渋谷、目黒、世田谷各区への電灯や電気の供給、多摩川両岸の住宅地開発など多角的な経営を行い、のちに東京横浜電鉄（現在の東急電鉄）に合併するまで、この地区のインフラを支える企業のトップとして活躍した。王子製紙の支配人となった小出収や製糸王と呼ばれるようになった藤原銀次郎も含めて、まるで出世のステップのように富岡製糸場が使われているのは、これまであまり語られてこなかった富岡製糸場の隠れた役割だったと言えるかもしれない。

藤原は前述の回顧談で、富岡製糸場から王子製紙へ行ったのは、王子製紙にもストライキが起こり、その解決のために富岡製糸場ですでにその収拾を経験した自分が呼ばれたという経緯を書き記している。二〇代で一五〇〇人もの大工場を実質支配し、給与制度の大改革とそれに伴うストライキを収めた経験を買われて、同じ「せいし」とはいえ、「糸」ではなく「紙」の「せいし」という全く畑違いの支配人へと抜擢された藤原銀次郎。いくつもの製造現場を抱えていた三井は、慶応出の秀才を若いうちから抜擢し、富岡製糸場を管理した経験を別の企業でさらに磨かせた。三井にとって富岡は、「工女の模範工場」ではなく、「工場長の模範工場」であったのかもしれない。

また、この時期は諏訪湖畔で器械製糸が花開き、各地に進出し始めた時期と重なり、繰糸器の改良も進んで、フランス製繰糸器を入れ替える時期に当たっていた。慶応義塾という日本で始まった高等教育の揺籃《ようらん》期の洗礼を受けたエリートたちの手により、技術の進展で創業時最新鋭だった器械の置き換えが可能となった時期に改革が行われた、そんな風に捉えることができる。

そして、さらに飛躍を遂げるべく富岡製糸場は次の走者へと受け継がれたわけである。

Column #2

日本女子大学と渋沢、三井のつながり

日本女子大学の創立や大同生命保険の設立にかかわった広岡浅子が三井家の出身であることはこの章の初めで述べたが、彼女が日本女子大学の創立に際し、土地の提供を依頼したのは、父の三井高益だった。目白台（現在の文京区）の土地を所有していた高益は、五五〇〇〇坪を女子大のために寄贈したのである。

また、大学設立に尽力した一人に、富岡製糸場設立の功労者、渋沢栄一がいる。彼は、大学創立の一九〇一年の最初の運動会のために、自邸を開放しているほか、一九〇六年には晩香寮という洋風の寮を大学に寄付している。ちなみに「晩香」は、栄一自作の漢詩「菊花晩節香」から採られている。さらに、のちになって第三代の校長まで務めている。

また、高益の後を継いだ養子三井高英の長男、三郎助（小石川三井家八代当主）は、軽井沢の三井家の別荘の一角に日本女子大のために寮を提供したほか、大学の役員も務め、一九一二年に逝去した際には、大学の創立記念式典に合わせて追悼会が開かれ、広岡浅子が追悼の辞を読んでいる。

ブリュナの帰国後、工女の勉強の場となった富岡製糸場の首長館

軽井沢の寮は三泉寮と名付けられ、その後、毎年この寮で開かれる教員と学生が寝食を共にする夏のセミナーは日本女子大の恒例行事となり、現在も一年生は

全員必修の「教養特別講義」の一環として、夏の軽井沢での授業を体験する。

女子大設立時の寄付額は、三井一門がおよそ三万二千円と最高額であるほか、益田孝、中上川彦次郎がともに大学の賛助員に名を連ね、中上川は三百円を寄付しているように、日本初の女子大学校は三井とのつながりが深いことがわかる。

官営から三井へのバトンタッチの舞台となった富岡製糸場。女性の働き手なくしてはスタートできなかったこの施設にゆかりのある人物・企業が、日本で最初の組織的な女子教育機関と言われる日本女子大で奇しくも顔を合わせているのは、単なる偶然なのか？　そんなことを思わせるエピソードである。

現在の日本女子大学（東京・文京区）

ポール・ブリュナ一家の住まいだった富岡製糸場の旧首長館で、彼の退去以降、官営時代から片倉時代まで夜学が開かれ、工女の教育機関としての役割を果たし続けてきたことを考え合わせると、富岡製糸場も女子労働者の教育機関の走りだと言ってもよく、日本女子大学との共通項も浮かび上がってくるようだ。

そういえば、一八七一年岩倉使節団に随行して派遣されたわが国最初の女子海外留学生五人の中に、津田梅子（のちの津田英学校の創設者）、山川捨松（のちの大山巌夫人）らと並んで名を残す永井繁子（のち、海軍大将瓜生外吉夫人）は、益田孝の実妹であった。

繁子は留学中にアナポリス海軍兵学校に留学中の瓜生と知り合い、帰国後結婚。瓜生はのちに横須賀鎮守府司令長官となるが、その折に彼の命で建てられた長官の官舎が今も横須賀港を望む高台に残されている。

三井三郎助
（提供；国立国会図書館）

Column #3

渋沢と東京高等蚕糸学校

渋沢の名が出たついでに、富岡製糸場の設立時に牽引役となった渋沢と養蚕・製糸との「地理的つながり」を一つご紹介したい。渋沢が居を構えた東京・王子に、蚕糸に関する高等教育の拠点、東京蚕業講習所が設立されたことである。

講習所は一九一四年（大正三年）、東京高等蚕糸学校と名を変え、その所在地「西ヶ原」の学校といえば、この高等蚕糸を指すことに使われるほど、地域に根差した学校となった。一九四〇年、現在の小金井市に移転、戦後は東京農工大学の繊維学部として継承された。蚕糸業の衰退とともに、「蚕の学校」としての役目を終え、工学部に改組されたのは、一九六二年のことである。

なお、戦前には、東京の他、信州上田と京都にも高等蚕糸学校が造られたが、これらも戦後、信州大学、京都工芸繊維大学へと変わっており、上田高等蚕糸だけが今も「繊維学部」として蚕糸研究の伝統を受け継いでいる。

渋沢邸と蚕糸学校は、まさに「垣根一つ隔てた」位置にあり、学校の卒業式や記念式典、要人の来訪時には、渋沢はいつも学校に駆け付けたほか、渋沢邸に客人が来た際に学校を参観するよう差し向けたこともたびたびあった。毎年の運動会に渋沢が援助

東京高等蚕糸学校発祥之地の碑（東京・北区西ヶ原）

していたことも知られていた。一九二九年、徳川慶喜の孫、喜久子が高松宮との婚儀に先立って高等蚕糸を訪問した際も、渋沢は当時の本多岩次郎校長とともに案内を買って出ており、その折の写真が東京農工大の史料室に残されている。

なお、蚕業講習所が蚕業試験場と名乗っていた一八九三（明治二十六）年の教師の名簿では、「製糸法」の授業の担当が「農商務技手　高橋信貞」となっている。官営時代の富岡製糸場に勤め、のちに横浜生糸検査所で働き、その後、次の章で述べる原合名会社でも製糸の技術指導などで中心となった人物である。

渋沢は、明治から昭和初期まで経済界で八面六臂の活躍をしたため、今も「製糸」とのかかわりを示す痕跡をあちこちで見つけることができる。北信濃にある

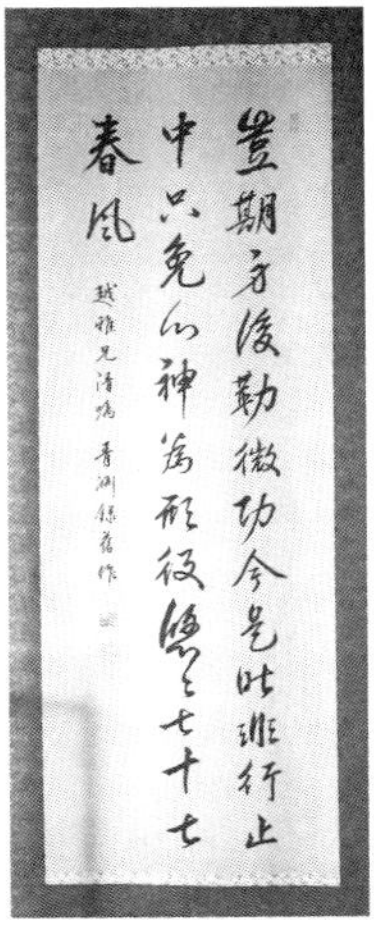

渋沢栄一が越寿三郎に贈った漢詩の掛軸。渋沢の号「青淵」の号が見える

「製糸」の町須坂の中心街には須坂の製糸王として知られた製糸家越《こし》寿三郎の家が残されているが、現在、市が管理しているこの家の床の間には、渋沢が越に贈った掛軸が今も飾られている。製糸だけでなく、電力、鉄道、学校など地域の発展に尽力した越が尊敬する渋沢に書を所望、その依頼に応じて、渋沢がちょうど喜寿の齢に書いたものである。これまでの人生をふり返った恬淡とした心境を綴った漢詩からは、名声を博しても謙虚な翁の人柄がしのばれる。

上／旧越家住宅（長野県須坂市）　下／旧渋沢邸の遺構（国重要文化財 青淵文庫）

第三章　「原合名会社」と原三溪

三番目にバトンを背負った男

富岡製糸場の第三走者は、いわゆる一般的な知名度でいけば「三井」「原」「片倉」の中では最も低い原合名会社である。三井はいうまでもなく、第四章で述べる片倉も、現在も東証一部上場企業としてそれなりの存在感を発揮しているのに比べ、原合名会社の後継会社はあるにはあるが、現在では地元でもほとんど知られていない。しかし、富岡製糸場の歴史において、原合名時代が最も技術革新が進み、華やかな時代であったことは疑いを入れない。いわば、富岡製糸場の黄金時代を演出したのが、サードランナーたる原合名会社である。

また、原合名会社は、初代の原善三郎（一八二七～九九）が興した「原商店」を継いだ原富太郎（一八六八～一九三九、号は三溪）が会社組織に改組したのち、三六年間ずっと原富太郎という一人の実業家が富岡製糸場の経営を担ってきた。しかも、富太郎は、製糸場の経営よりも生糸貿易という本業の方が優先であったし、富岡製糸場を所有している間に、本拠地の横浜が壊滅的な打撃を受けた関東大震災や、生糸価格が大暴落した昭和初期の世界大恐慌に見舞われるなど、激動の時代のただ中にあった。自分の会社の存続すら危うい事態だったはずだが、富太郎は、一企業の心配を胸にしまい、横浜の街の復興の先頭に立ち、その重責を一身に担った。

さらに、先述の益田孝を凌ぐ日本の芸術の粋を、絵画のみならず建築物まで集め、それを広く公開したばかりか、下積み時代の日本画家の卵たちを多く財政的・精神的に支援し、世に羽ばたかせた。小粒で人間的な魅力を全然感じさせなくなった昨今の経済界・産業界の経営者たちよりもはるかにスケールが大きく、財界人としても美術支援者としても「公共貢献」を体現した人物であった。

この章では、原合名会社と富太郎に焦点を当て、彼のもとで飛躍した富岡製糸場の黄金期を振り返りたい。なお、この章では、わかりやすくするため、富太郎ではなく、より人口に膾炙《かいしゃ》した「原三溪」の名を使うこととしたい。

岐阜に生まれた青木富太郎

二〇一四年十月、富岡製糸場が世界遺産に登録された四カ月後に、岐阜市歴史博物館でその登録を記念して、「原三溪と日本美術―守り、支え、伝える」と題した特別展が開かれた。原家は群馬県と神流川をはさんで対岸にある現在の埼玉県神川町の出である。それなのに、なぜ原合名会社とゆかりがなさそうな岐阜で原富太郎の展覧会が開かれたのか？　この特別展のパンフレットは、よく見ると原三溪の前に「岐阜が生んだ」という枕詞がついている。そう、三溪は横浜や埼玉から遠く離れた岐阜の出身であったからである。

三溪は、一八六八(慶応四)年、美濃国厚見郡佐波村(現在の岐阜市柳津町)で豪農青木久衛の長男、富太郎として生まれた。生家は今

原三溪（提供：三溪園）

も柳津町に残っている。母方の祖父は南画家の高橋杏村《きょうそん》で、三溪がのちに自ら絵筆を揮ったり、画家のパトロンとなったりしたのは、この祖父の影響があったと考えられる。

三溪は大垣や京都の私塾で漢文や詩文を学んだ後、十七歳で上京。東京専門学校（現、早稲田大学）で法律や政治を学びながら、跡見花蹊《かけい》（一八四〇〜一九二六）が神田西猿楽町に開いた日本初の日本人による私立の女学校である「跡見学校」（現、跡見学園女子大学）で歴史と漢学の教鞭を執っていた。

このように、三溪はどちらかというと学究肌、文人肌であり、そのまま教師として、あるいは長男だったことから、いずれは郷里に帰って、旧制中学や高等女学校などの教師になるような道をたどるのが本来敷かれたレールだったのかもしれない。しかし、跡見学校で教師を兼ねたことが三溪の運命を大きく変えることになる。当時、跡見学校の生徒だった原屋寿《やす》と知り合い、跡見花蹊が仲を取り持って、長男であるにもかかわらず、原家の養子に入ることになるのである。

「亀善」の名声

一方、のちに三溪が継ぐことになる「原商店」は、一八二七年、武蔵国児玉郡渡瀬村（現、埼玉県児玉郡神川町）に生まれた原善三郎が、一八六一年、開港直後の横浜に出、翌年開いた生糸売込問屋「亀屋」に始まる。原家は、村の名主格の名望家で林業、製糸業、そして生糸の買い入れと売りさばきも行っていた。

一八五九年に、新潟、兵庫などとともに開港した横浜では、生糸や蚕種（蚕の卵）が輸出の主力商品となり、亀屋などの日本人の売込商が商品を集め、居留地に店を開いた外国人貿易商を通して海外へ輸出されるようになった。

一八六〇年代になると、主に生糸の産地の出身である生糸売込商が横浜で頭角を現し、中居屋重兵衛、茂木惣兵衛など次々と有力商人が育っていった。亀屋はこうした売込商の一つとして大きくなり、関内の弁天通りに大きな店を構えるまでになった。富岡製糸場が開業した一八七〇年代初めには、横浜でも五指に入り、ついには「横浜は善きも悪しきも亀善の腹一つにて事きまるなり」と謳われるまでになった。「亀善」は、「亀屋善三郎」を縮めた、いわば屋号である。と書けば簡単に商売を軌道に乗せたように聞こえるが、この時期、横浜に進出した生糸売込商は一〇〇人を下らないほど鎬《しのぎ》の削り合いであった。しかし、その中で、生糸売り込みを長く続けられた商人は多くない。一八六六年には生糸売込仲間が横浜で一三一人もいたにもかかわらず、七年後の一八七三年に残っていたのはわずか一六人、ほぼ一割しか生き残れない厳しい商売だったのである。一時期もっとも羽振りが良く、豪壮な店構えが「銅御殿《あかがねごてん》」と呼ばれた上野国吾妻郡出身の中居屋重兵衛が活躍したのは、わずか二年足らず、そんな世界であったのだ。

善三郎は、のちに横浜商法会議所（現在の横浜商工会議所）の初代会頭を経て、第二国立銀行（現、横浜銀行）の頭取、横浜市議会初代議長、さらに衆

埼玉県神川町の原家

議院議員から多額納税者として貴族院議員の席を得るなど、人望を得て要職を次々と歴任することになる。

絵図に残された弁天通りの店構えも立派だが、善三郎が街の西郊、野毛山に建てた自邸はさらに豪華である。そして、のちに三溪園として知られるようになる本牧の海岸沿いの土地を購入し、別荘として利用したのも善三郎であった。

「川筋」の人々

埼玉県渡瀬村（現、神川町）にある善三郎の実家は、すぐ裏手が神流川《かんな》というまさに川を背にした場所にある。神流川は、長野・群馬・埼玉県境に源流を持ち、関東山地を流れ下り、ちょうどこの辺りで関東平野に出て、ほどなく烏川を経て坂東太郎利根川に合流する。渡瀬村はこうした地理的条件を生かして、秩父方面の生糸や絹織物を江戸方面に送る中継地となっており、善三郎の家もそうした商いを扱っていた。

一方、三溪の生家のある岐阜県柳津町は、濃尾平野をゆったり流れる木曽川を愛知県側から越えて、車で一〇分ほどのところにある。さらに西へ少し行けば、清流で知られる長良川にぶつかる。下流に下れば、この両河川に揖斐《いび》川を加えた木曽三川《さんせん》の輪中《わじゅう》地帯で、日本有数の水郷であり、たびたび水害を引き起こす大河に囲まれた土地柄であった。この下流部では、江戸中期の宝

原家の庭園、天神山山荘から見た神流川（埼玉県神川町）

暦年間、この木曽三川の氾濫を防ぐための分流工事が幕府の命により薩摩藩の手で行われた。のちに、「宝暦治水」と呼ばれるこの事業により、下流の氾濫は収まった一方、薩摩藩では八〇人を超す犠牲者を出し、藩の財政は逼迫《ひっぱく》した。そんな地勢的位置にあった青木家も、一般の農家に比べれば、かなり裕福な豪農といってよい家柄であった。

原家の脇を流れる神流川の少し下流は、一五八二年、織田信長の家臣滝川一益《かずます》が本能寺の変後、北条氏と戦い敗れた「神流川の戦い」の激戦地である。戦国時代の関東では最も大規模な野戦であった。

一方、青木家のある柳津町の長良川をはさんだ対岸は、木下藤吉郎、のちの豊臣秀吉が「墨俣《すのまた》一夜城」（現在の大垣市墨俣町）を築いた場所である。信長が美濃の斎藤氏を攻める際に、その拠点として藤吉郎が一夜にして築いたとの伝説がある城跡だ。

岐阜と埼玉という遠く離れた地にあった青木家と原家は、戦国時代には合戦の舞台となり、平時は物資の輸送路となる大河の流域で育まれたという共通点がある。さらに、第一章で述べたように、渋沢栄一、尾高惇忠らも、しばしば洪水を引き起こす一方、各地の情報をもたらしてくれる利根川の流れをゆりかごに育っているし、速水堅曹の生まれ育った川越は、江戸と新河岸《しんがし》川で結ばれ、水運を使って江戸に物資を送る商人の町として栄え、その繁栄は「小江戸川越」と謳われた。米を年貢として納めたり集めたりすれば事足り、という地ではなく、商品経済に否応なく巻き込まれる地で幼少時代を過ごしているのである。

　富岡製糸場の経営にかかわった生糸ゆかりの人々に、「川筋」者という地理的に共通したバックグラウンドが見られるのは興味深い。

偶然、原家の養子に

　話を原善三郎に戻そう。順調に商売を伸ばしてきた善三郎にとっての大きな誤算は、後を継ぐ男子に恵まれなかったことである。善三郎の一人娘八重に同郷の元三郎を婿養子として迎え入れたが、男子を生まないうちに夫妻とも早逝、残されたのは夫妻の子で善三郎の孫にあたる女児一人だけだった。それが原屋寿だったのである。亀善を継がせるには、屋寿に婿を取るしかない。一方、跡見学校で教鞭を執る三溪は、若輩ながら才能、振る舞いに優れ、校長の跡見花蹊からも深い信頼を寄せられていた。早くに両親を亡くし、跡取りとなる伴侶を探す運命にある屋寿と三溪を娶《めあわ》せよう、そう考えて花蹊が話を善三郎に持ち込んだとき、善三郎は全く期待しなかったに違いない。商売の経験のかけらもない、歴史と漢学の青年教師である。それが横浜に名声をとどろかす生糸商を継げるはずなんかない、そんな思いで三溪に初めて会った善三郎は、三溪の人となりを一目で気に入った。

　三溪は、その時、すでに岐阜の父から家督を相続し戸主となっており、実家の青木家では当初はこの婚儀に到底賛同することはできなかった。しかし、花蹊は三溪もらい受けのために自身の養子を岐阜に遣わしてまで青木家を説得、ようやく縁組にこぎ着けたのである。

当時、亀善だけでなく横浜の豪商で同様に養子を跡取りにした例は、茂木惣兵衛、木村利右衛門、平沼専蔵など少なくなかった。

生糸売込商を引き継ぐ

地方から上京し、書生として早稲田に学びながら女学校で歴史を教えていた、今でいえば一介の勤労学生であった三溪は、わずか二十五歳にして、横浜で最も影響力を持つ大店の跡取り見習いとして、原商店での新たな生活を始めることになった。このとき、善三郎はすでに六十六歳。三溪から見て善三郎は義父ではなく義祖父なので、四十一歳も年が離れている。そして、原家に入って七年後の一八九九年、善三郎は鬼籍に入り、経営の責任が三溪の双肩にかかることになった。

三溪が家業を引き継いでまず行ったのは、旧来の商店から、近代的な会社組織へと仕組みを変えたこと、そしてそれに伴い旧弊を打破するために昔ながらの使用人の一部を新たに自分で雇った社員へと入れ替えたことである。

例えば、三溪が経営を任されて真っ先に雇った人物に横浜生糸検査所の検査部長であった高橋信貞がいる。先の章のコラムに記した人物である。高橋は、富岡製糸場の開業時に製糸場の技師となり、ポール・ブリュナや第一章で紹介した速水堅曹に製糸技術をみっちりと習い、日本における製糸技術の第一人者の一人となっていた。彼を採用するや翌年には生糸の海外事情を現地視察させるために、欧米に派遣している。またロシアに支店を設けたほか、優秀な人材をフランス、ドイツ、イタリア、アメリカに次々と派遣し、どんな生糸を作れば高く売れるのか、調査研究を重ねている。

富岡製糸場の購入

あまり知られていないが、善三郎は生糸商に励む傍ら、故郷の渡瀬村で製糸場を経営していた。富岡製糸場と全く同じ一八七二年、もともと家内工業で座繰りを行っていた実家の脇に五〇釜の座繰り製糸による渡瀬製糸所を開業、一八八七年には二〇〇釜の器械製糸場となった。また、群馬県の下仁田にも製糸場を開業している。生糸貿易が主、製糸は従ではあったが、原合名会社としては製糸場をすでに経営していたこと、どちらも富岡に近い場所であったことは、三井から富岡など四つの製糸所の売却の話が持ち上がった際に、判断の材料となったと思われる。工場経営が原合名会社としては全く新しい未知の新規業務ではなく、あくまでも業務量の「拡大」に過ぎなかったからである。

このように、原家の実家のある渡瀬で製糸場を大きく育ててきた原合名会社に、三井家が富岡をはじめ所有する四カ所すべての製糸場を売却することとなった。全部で二三万五千円という巨費であったが、原と三井の間で「水も漏らさぬ極秘裏」に交渉が行われ、前章で述べた通り、一九〇一年九月十三日に譲渡されたのである。その水面下の交渉では、益田孝と原三溪のトップ会談が行われていたはずである。

『原三溪翁伝』(藤本実也著、一九四五年草稿完成)には、この辺りの経緯が次のように記されている。

「三井家でもこれ(富岡製糸場)をほかに委譲せんとするには又その永続性を企図し所有者個人の利害の打算より解体閉鎖等の不都合無からしむる様、後継者に信用ある適任者を選択することも亦肝心な条件と考へられる。この点に就いては、三井家が真先に(原家に)白羽の矢を立てたもので、亦三溪翁が電光石火極秘裡にこの交渉を進めたるは実にその手腕驚くべきものがある。年来昵懇を結びたる三井家総理益田孝男(爵)と三溪翁との腹芸は容易に他の追随を許さない千両役者の舞台面であったとも考へられる」

益田と三溪の人間的なつながりがあったればこその円満な、そして富岡製糸場の永続性にとってプラスの譲渡であったと、すでに戦前の蚕糸の専門家が分析していることがよくわかる。

原合名会社が入手した四カ所の製糸所のうち、三重製糸所は、地元で室山製糸所を経営していた伊藤小左衛門が入手を切望していたためすぐに売却、原合名会社は渡瀬製糸所プラス富岡・名古屋・大嶹の四製糸所体制で製糸業に本格的に乗り出すことになった。

そして、富岡製糸所の経営者には、三井を退職し、原合名会社に移る形で、三井が手放すときに所長だった津田興二に続投を依頼、原時代初期の三年間に経営の手腕を揮った。

製糸に乗り出した生糸商人たち

生糸を取り扱う商売と生糸を自分で実際に製造する製糸とは、同じものを扱うからといって決してたやすく乗り出すことができるわけではない。陶器を商う商人が急に陶器を作れるわけではないし、茶を扱う貿易商が自ら製茶工場を建てることも考えにくい。しかし、銀行や商社の経営をしていた三井も製糸業に乗り出したし、横浜の生糸商人だった原善三郎も製糸に乗り出している。それでは、横浜のほかの有力な生糸商人たちも製糸業に手を染めたのだろうか？

明治初期の横浜には、原商店を含め、「五大生糸商」と呼ばれる有力な商人がいた。原のほかは、茂木惣兵衛、小野光景、渋沢喜作、若尾幾造である。このうち、渋沢喜作は、渋沢栄一の従兄弟で、吉田屋という有力生糸商の営業権を引き継いで渋沢商店を経営した。生糸商として活躍したのは、一八七九年から一〇年余りと短かった。

この五大商人の業務内容を子細に調べてみると、実は、渋沢以外は皆製糸場を経営した経験がある。茂木商店は茂木製糸場と日新館、小野商店は小野製糸と橘館、若尾商店も若尾製糸を立ち上げている。小野製糸は、原商店の渡瀬製糸所と同様、自分の出身地である長野県の小野村(現、辰野町)で経営した製糸所である。若尾商店は、現在の藤沢市のほか埼玉県児玉郡、山梨県中巨摩郡にも製糸場を造るなど、三代にわたって生糸売込の傍ら製糸にも携わった。

彼らは、高崎出身の茂木惣兵衛も含め、皆、周囲に養蚕農家がある環境に育ち、江戸時代以来の座繰りでの手挽きを日々間近で見ていて、製糸という作業はきわめて身近なものであったはずである。大きな利益を生む生糸商として横浜に進出したものの、品質競争、価格競争の渦に巻き込まれていく中で、川を遡るように手前の二次産業である「工業」も自ら手掛けることにより、品質と価格の安定を実現しようとしたのであろう。こうした流れを見ると、原合名会社が富岡製糸場などを手に入れ、製糸業者としても歩むことにした環境が周囲に用意されていたことが感じられる。

生糸の直輸出への進出

原合名会社は、本店を横浜に構えていた。生糸貿易が本業なので、当然船が出入りする港の近くに会社がないと仕事ができない。また、関東大震災までは日本の数ある港の中で、生糸を輸出できるのは実質的には横浜一港に限られていた。したがって、生糸貿易に必要な様々な付帯的な施設も横浜に集中した。貿易金融や外国為替専門の銀行も横浜で設立され、国外に支店網が広がっても横浜が本店であり続けた。横浜正金銀行（のちの東京銀行、本店の建物は現在、神奈川県立博物館）である。また、輸出する生糸の品質保持のために、国立の生糸検査所が設けられたのも横浜であり、生糸を一時保管する倉庫も、船舶会社の出先もすべて横浜に集まった。三溪は、その横浜の本店で製糸会社の経営も統べ、またモスクワ、リヨン、そしてニューヨークへと広がる海外支店の統括も横浜で行った。

日本の生糸貿易の業者が行うことのできた業務は、開港直後はもちろんのこと、明治に入っても、横浜で生糸を買い集めるまでで、その先の輸出業務は横浜の居留地に店を構える外国商館だけが従事できた。つまり、日本人が直接海外に販売することはできなかったのである。

上州人はそこに風穴を開けようと様々な試みを行った。水沼(現在の群馬県桐生市)の製糸家星野長太郎の弟の新井領一郎がニューヨークに渡ったり、これは生糸ではなく蚕種だが、島村(現在の伊勢崎市)の田島弥平(旧宅が世界遺産「富岡製糸場と絹産業遺産群」の構成資産の一つ)がイタリアに自ら出かけて販売を行ったり、富岡製糸場の所長を務めた速水堅曹が横浜に同伸会社という生糸輸出の組織をつくったのも、すべて「生糸や蚕種を直接海外に販売したい」という野心的な試みの一つであった。

開港からかなり時間を経ても、横浜で生糸を直接海外に輸出できたのは、同伸会社のほかは、横浜生糸合名会社、そして益田孝の三井物産くらいであった。

そんな中、三溪は改組した原合名会社に輸出部を置き、一九〇一年から生糸の輸出を開始した。富岡製糸場入手の前年のことである。

本店の家族経営を富岡にも

原合名会社の経営を一言でいえば、「家族的経営」であったということができる。

一九〇六年に発刊された『日本製糸業の大勢』(岩崎徂堂著)には、原合名会社の業務運営のあり方が事細かに記されている。原合名には、「顧問会」と「諮問会」という二つの議事機関があり、このうち諮問会の方は、一等社員から二等社員、手代までが参加し、業務の改善提案など自由に意見を述べ合えたこと、会議中に他人を攻撃するような発言は慎むことが徹底されていたことなど、民主的な企業風土であったことがわかる。

また、店則が四二箇条あり、社員は賞与の一〇分の一を各自の将来のために会社に預けることや毎年八日間の慰労休暇を与えること、社員の相互親睦のため倶楽部(今でいえばサークル活動のようなもの)を設立することなどが謳われ、また退職者(遺族を含む)には、忠勤に励んだものには多額の一時賜金を出すこと、家族に不幸があれば見舞金や葬祭料を払う規定を設けるなど、現代のブラック企業に参考にしてもらいたいような施策が取り入れられている。

旧横浜正金銀行本店(現 神奈川県立歴史博物館)

製糸場の工女に対しては、「工女偕楽館」という教育機関を整備、裁縫や生花などの女性としてのたしなみのほか、作文、習字などの学科についても専任の教師を雇って授業を行った。工女のための講演会や余興を愉しむ慰安会を催したり、一八七三年の皇后、皇太后の行啓時に皇后が詠んだ御歌の合唱やラジオ体操を就業時間の中で行ったりと、様々な行事を製糸場の中で催した。春と秋には従業員の家族を招いて園遊会も開いており、これらは本店の経営と相通じる家族的な経営を体現したものである。

一九七七年に編まれた『富岡製糸場誌』では、原富岡製糸所時代の工女への座談会形式の聞き取り（一九七三年実施）がまとめてあるが、こうした行事を楽しみにしていたという想い出が語られている。市内の貫前《ぬきさき》神社方面へお花見に行く際には工場からお弁当が支給され、町の人々が「女工さんの花見」を見るために賑わったというような記述もあり、糸取りの仕事そのものが楽だったわけではないが、若い女性が齢をとっても愉しみだったことを思い出すような、そんな人間関係が原時代の富岡製糸場の中には出来上がっていたことがうかがえる。

津田を継いだ古郷時待

さて、製糸場の実質的な経営は、三溪が横浜に拠点を構えている関係で、現地責任者たる所長に任せられた。三井時代はわずか九年間で、五代三人の所長が短いサイクルで歴任したが、原合名時代の三六年間は、三井から移ってそのまま所長を引き継いだ津田興二が三年間務めた後、所長を務めたのは古郷時待《ふるごうときまち》、大久保佐一、横山秀昭の三人だけである。じっくり腰を据えて製糸場経営に力を注いだことが感じ取れる、安定した人事体制であった。

一九〇五年に津田興二に代わって新たに原合名生え抜きの所長となったのが、古郷時待である。前章で津田の『繭乾燥叢話』という本を紹介したが、その折、津田の講話を筆記した一人がこの古郷であった。ということは、古郷は、まだ富岡製糸場が三井の手にあった時から、富岡製糸場あるいは津田興二と関係があったことがわかる。

古郷は、岡山県の出身で、三溪の妹の夫、つまり三溪の義弟にあたる。この妹婿が所長に抜擢されると、富岡製糸場では彼の手により大きな改革が行われた。

まず何よりも力を入れたのは、生糸の品質向上のために、原料繭の品質を向上させることであった。そのためには蚕種家、養蚕家との連携を強化する必要があると判断し、所内に「蚕業改良部」を設置、原料となる良質の繭の確保に力を注いだ。また、養蚕組合から直接繭を購入するなど、養蚕農家との関係を深め、さらに群馬県のみならず繭の供給先となる隣接府県の農家へ養蚕指導のための巡回員を派遣した。また、乾繭室や製糸用水の濾過《ろか》器を新設するなど設備面での増強も怠りなかった。

貫前神社（群馬県富岡市）

ちょうどこの頃、蚕の品種改良における画期的な発見が日本人研究者によってなされた。遺伝学者、動物学者の外山亀太郎博士（一八六七～一九一八）による、メンデルの法則の動物への適用の発見である。蚕の最大の弱点は、病気に弱いことである。逆に病気に強い種類だと繭が小さく、生糸の量が少なくなる。農家では、病気に強く、なおかつ大きな繭を作る蚕が求められていた。外山は、異なる形質を持つ親を掛け合わせて作る次の世代の蚕は、一代に限りその両方の形質を受け継ぐことを確かめることに成功した。病気に強く、かつ大きな繭を作る「一代雑種」の誕生である。この研究により、日本の蚕糸界では、交雑種の開発競争が一挙に進み、大学や農業関連の機関だけでなく、大手の製糸会社でも交雑種の研究と実用化が重要な経営の柱となっていく。古郷が所長となったのは、まさにちょうどこの「一代雑種」の普及初期であった。

最長不倒、大久保佐一の登場

四年間所長を務めた古郷は、一九〇九年、原合名会社の横浜本店に移り、名古屋製糸所の次長であった大久保佐一（一八七七〜一九三四）が所長を引き継いだ。

大久保は、愛知県渥美郡六連村（現、田原市）の出身で、一八八三年（八二年という説もあり）に愛知県で最初に操業を開始した器械製糸の工場である細谷製糸所出身の研究者である。細谷製糸があった豊橋は、群馬県出身の小渕しちが玉糸（二匹以上の蚕が作った繭から採る糸）の製糸法を指導し、日本一の玉糸の産地となった製糸の街である。また、細谷製糸の立ち上げに先立つ一八七九年に、豊橋では良家の子女を富岡製糸場に派遣して技術を習得させている。このように群馬や富岡とは縁が深かったのである。

富岡製糸場の操業期間である一一五年の歴史の中で、二三人が工場長（場長・所長）を経験しているが、在任期間のベスト三を選ぶと、第三位が三井から原時代に務めた津田興二の九年三カ月、第二位が官営時代の速水堅曹の一〇年四カ月、そして第一位が他を引き離してこの大久保佐一である。一九〇九年二月から一九三三年十月まで二四年半の長きにわたって製糸場の責任者を務めた。原合名会社が富岡製糸場とともに名古屋製糸所を入手した翌年の一九〇三年に原合名会社に

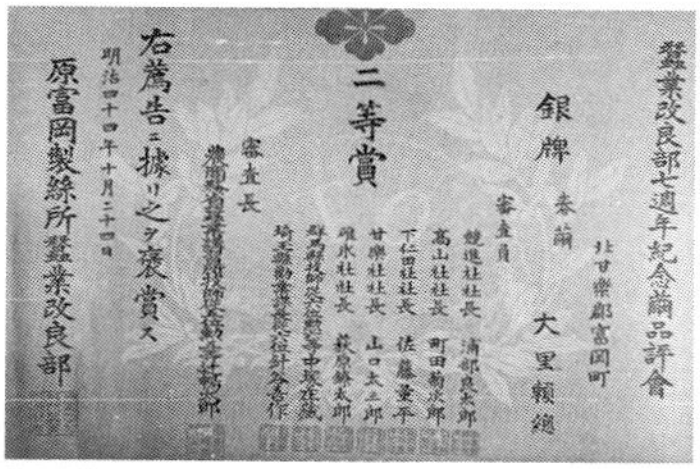

蠶業改良部七週年紀念繭品評會

銀牌　春繭

北甘樂郡富岡町　大里頼總

二等賞

審査員

審査長

右薦告ニ據リ之ヲ褒賞ス

明治四十四年十月二十四日

原富岡製絲所蠶業改良部

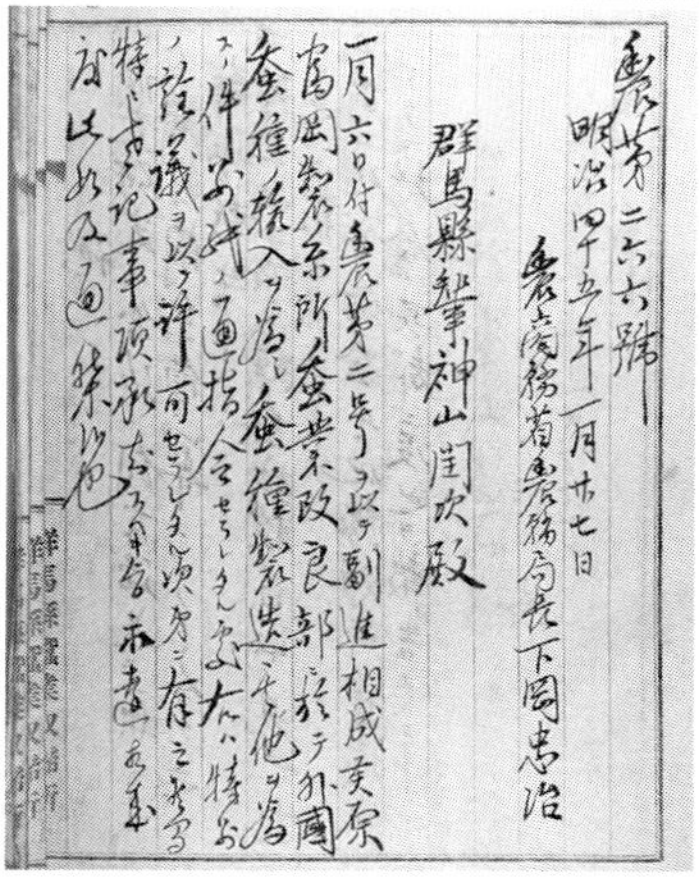

明治四十五年一月廿七日

群馬縣知事神山閏次殿

群馬県立文書館に残された原合名会社時代の富岡製糸所に関する資料

入り、名古屋製糸所に勤務、一九〇五年、古郷時待が所長となるのと時を同じくして富岡製糸場に移り、古郷の後を継いで所長となった。三十二歳の時である。

大久保は所長に就任するや、繭の品質改良のために所内に蚕糸研究課を新設、イタリアやフランスから直接蚕種を輸入し、日本の品種と掛け合わせた一代雑種を作るなど、研究者ならではの方法で品質向上に寄与した。群馬県立文書館には、一九一二（明治四十五）年に「原富岡製糸所」から出された蚕種輸入の許可願いに対し、国が許可を認めた文書が残されている。

また、所内でたびたび産繭品評会を開いて優良農家を表彰、安定した繭の確保にも力を注いだ。同じく、群馬県立文書館に保存されている「原富岡製糸所蚕業改良部」による品評会の表彰状では、地元富岡町の農家大里頼総なる人物を二等賞の「銀牌」に処することが記されたもののほか、何枚かの表彰状が保管されている。この表彰で審査委員として名を連ねているのは、群馬県と埼玉県の蚕糸関連の県職員のほか、組合製糸の有力社である「南三社」（下仁田社、甘楽社、碓氷社）および養蚕の実習機関として全国的に知られた高山社（藤岡市、この発祥の地が世界遺産に登録）と競進社（埼玉県児玉町、現在の本庄市）のそれぞれの社長である。地元の有力企業と原富岡製糸所ががっしりと手を握っているのが見て取れる貴重な史料である。

「前田兄弟」の活躍

「まえだまえだ」と言えば、子役でデビューした実の兄弟のお笑いコンビであるが、原合名会社の製糸場経営では、富岡製糸場の経営には直接携わっていないものの、「前田兄弟」が大きな役割を果たしている。

兄は前田喜市、弟は前田健次。父、前田伝次郎は、先述の通り大久保佐一が学んだ細谷製糸所の創立者の一人で、二人とも父のもとで製糸技術者としての腕を磨いた。この製糸所で作られた生糸は、原商店に出荷され、優等だったことから、原善三郎の目に留まり、一八八七年、自身が生家の脇に興した渡瀬製糸所に器械製糸を導入した際に、兄弟二人を原商店で雇用、兄喜市は、渡瀬製糸所の所長を任された。その後、健次が兄に代わって所長となり、富岡など四製糸所が原合名に移ると、健次は地元の名古屋製糸所の所長に就任する。大久保佐一は、前田健次の女婿となっていて、彼の死とともに、大久保は富岡製糸所長でありながら、名古屋製糸所長も兼務することとなった。

原合名が所有する四つの製糸所のうち、高品質の生糸を量産したのは、富岡、名古屋の二製糸場であり、津田、古郷、大久保が担った富岡製糸所とともに、健次が名古屋製糸所を支えたことになる。

ちなみに、三井から譲られたもう一つの製糸所である大嶹製糸所も一時前田兄弟に経営が任されたが、一九一五年二月に閉鎖し、機械等は富岡製糸場に移された。横浜・三溪園には、この大崎製糸所から神殿、寒月庵、待春軒などの建物が移築されたが、いずれも震災・戦災などで失われている。

「繰糸器」から「繰糸機」への技術革新

繰糸器の技術革新も進み、一九〇七年からは一度に多数の生糸を低速で巻き取る画期的な繰糸機を発明した御法川《みのりかわ》直三郎にちなみ、「御法川式多条繰糸機」と名付けられた高性能の機械へと順次置き換えを行っている。これまで「繰糸器」と表記していたのが、この御法川式から「繰糸機」と書かれるようになるほど進んだ機械の導入であり、この機械で生産された「ミノリカワ・ロウシルク」は、高級シルクの代名詞としてアメリカの生糸市場で高価格で取引されたことはよく知られている。

上／明治41年当時の原富岡製糸所　下／御法川式多条繰糸機（提供：市立岡谷蚕糸博物館）

この御法川式多条繰糸機の開発にあたっては、原合名会社の次に富岡製糸場を経営する片倉組が多大な支援をしている。当時の副社長が大宮製糸所に附設した試験部を挙げて後援をしていたのである。そのため、開発された御法川式の繰糸機は、片倉が積極的に各地の製糸場に導入した。

また、富岡製糸場の所長大久保も、「其の機械（御法川式多条繰糸機）の早晩優越すべきを信じ其の改造変革の際毎之を据付け試験研究に助力した、現に今日富岡製糸場に入れば実に御法川式多条繰機械の変遷史を語るに足るべき実物資料の展観を容易ならしむるものがある」と、戦前の蚕糸研究者の第一人者、藤本実也が『日本蚕糸業史　第二巻』の「製糸史」の項に記述している。繰糸機の改良は、原合名会社でも取り組まれ、大久保が御法川式を改良した「TO式多条繰糸機」（TOは、「富岡」の頭文字をとったもの）が一九三一年に富岡製糸場に備え付けられている。

古郷から大久保へとバトンタッチされた一九〇九年は、日本の生糸輸出量が中国を抜いて初めて世界一になった年であり、日本の製糸業は、富岡製糸場がフランスからの技術導入により近代的な器械製糸を始めてから三十余年で世界を制することになったのである。

大久保は、所長として富岡製糸場の経営に心血を注ぐ一方で、一九三三年、前橋市に本社を置く組合製糸の「群馬社」の社長に転じたが、社内で混乱が生じ、そのために群馬県内で行われる陸軍大演習のために行幸する予定の昭和天皇の来訪が中止となってしまった。大久保はその責任を痛感し自殺するというあっけない結末を迎えた。

大久保は、製糸場内の改革だけでなく、高崎から富岡を経て下仁田に至る上信電鉄が非電化かつ軽便鉄道の規格で輸送力が低かったことから、路線の電化と国有鉄道などと同じ線路幅への改

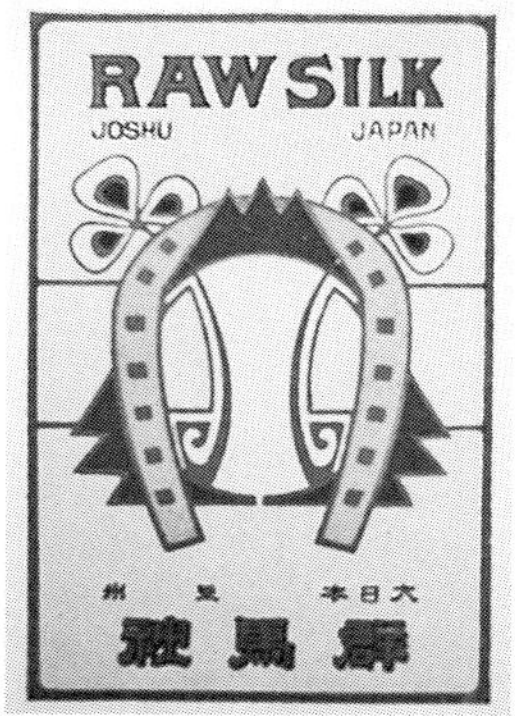

群馬社の生糸商標

軌にも奔走し、一九二四（大正十三）年に実現に漕ぎつけた。また、信州で農民美術運動を指導したことで知られる画家・版画家の山本鼎《かなえ》（一八八二～一九四六、大久保と同じ愛知県出身）に対し、軽井沢にアトリエを贈るなどの支援も行っている。

しかも、その山本を通じて、当時、詩壇の第一人者であった北原白秋を紹介してもらい、富岡製糸場の歌の作詞を依頼している。白秋は実際に富岡にやってきて、製糸場近くの料亭に泊まり、作詞に必要な製糸場の資料のみならず幾人かの芸妓を大久保に提供してもらい、酒肴を楽しみながら歌を作ったことが『富岡史』に記録されている。詩ができると、「鯉のぼり」「春よ来い」「雀の学校」などの作品で知られる作曲家の弘田龍太郎を富岡に招き、「繰糸の歌」「甘楽行進曲」など、工女が口ずさめるような歌をいくつも生みだしている。

「箒しずかに索緒《くちたて》しやんせ　繭は柔肌絹一重　わたしやぁ一七　花なら蕾　手荒なさるな　まだ未通女《おぼこ》」

「繰糸の歌」はこの一番から五番まで、製糸の作業を詠み込みながら、十代の娘たちの心の揺れを掬《すく》い取っている。

こうしたことにまで心を砕いた大久保工場長のもとだからこそ、原合名会社時代の富岡製糸場は、盛衰を繰り返す製糸業界にあって、大正、昭和と激動時代の波を潜り抜け、一貫して日本の製糸工場の旗手であり続けられたのかもしれない。大久保の逝去は、一九三四年、片倉への譲渡の四年前のことであった。

高い評価を得た「原富岡製糸」の生糸

幕末から明治初期、「マイバシ」「シモニタ」など産地による生糸のブランドが形成された時期からおよそ五〇年、生糸の輸出先がヨーロッパからアメリカへとシフトし、生糸のブランドも、産地ではなく、どこの製糸会社が生産した生糸なのか？　また、どの工場で作られた生糸なのか？　がきわめて重要になった。

大日本蚕糸会や横浜生糸検査所の資料を見ると、一九一〇年から二〇年代にかけて、最上級の格付けの欄には「原富岡」「原名古屋」という文字が浮かび上がってくる。原合名の富岡製糸所および名古屋製糸所の糸が、「飛切優等」「XXエクストラ」など最上級の評価を得ており、ニューヨークの生糸市場でも原の二工場の生糸は常に最優等・優等の位置を獲得し続けた。生糸にはチョップと一般に呼ぶ商標が取り付けられて輸出されるが、創業時の富岡製糸場を描いた伝統あるデザインに、「原」を示す「H」の文字を配した原富岡製糸所のチョップが、アメリカでは高級生糸のブランドの一つとなったのである。ちなみに、三井から原に譲られ、すぐに伊藤小左衛門の手に渡った室山製糸の生糸もアメリカで最上級の評価を得ている。

一方、原家の故郷、埼玉県渡瀬村に設置された原合名会社が経営を続けていた渡瀬製糸場は一九三七年十二月で操業を停止し、翌一月、絶縁体として使われる雲母の製品（マイカ）を製造する会社へと転換した。製糸場の当時の建物は、今も日本マイカ製作所の工場として現役で稼働している。

突然の長男の死と富岡製糸場の譲渡

大久保佐一の死は、所長を辞した後とはいえ、原富岡製糸所にとっては不吉な兆候の表れだったかもしれない。

昭和に入って生糸を取り巻く状況は悪化していた。一九三〇年九月には生糸価格が大暴落、一八九六年来の安値となった。

生糸に代わる人造絹糸「レーヨン」の登場もちょうどこの頃だった。一九一八年に設立された帝国人造絹糸は当初は苦戦したが、一九三四年に三原工場の操業が始まってから生産量が飛躍的に増大した。アメリカ・デュポン社でナイロンが初めて生成されたのも一九三五年、その後、ストッキングの素材は急速にナイロンに取って代わられる。

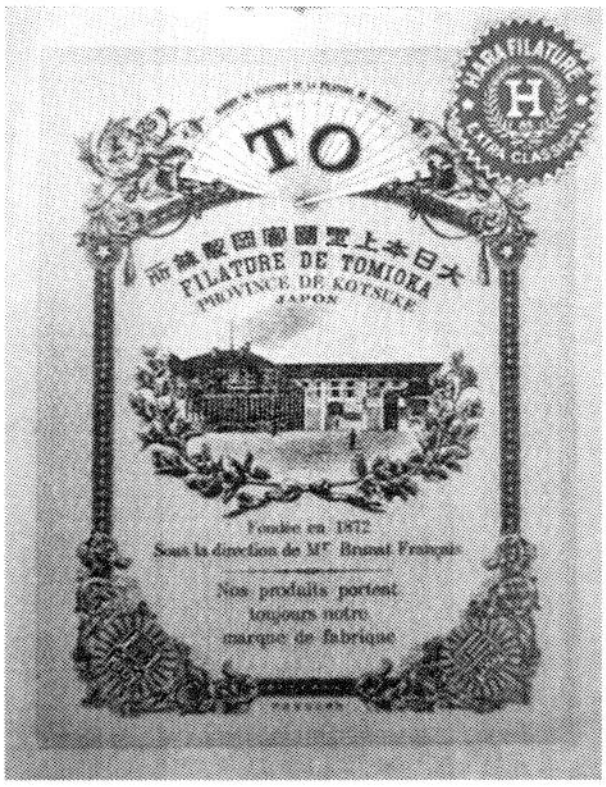

原富岡製糸所の生糸商標

最大の、というよりこの頃にはほとんどの生糸が輸出されていたアメリカとの関係も一九三五(昭和一〇)年以降は次第に悪化、安定した輸出に暗い影が落ち始めていた。

しかし、原合名会社にとって最大の悲劇は、三溪の長男の原善一郎(一八九二〜一九三七)が一九三七年に脳溢血で急逝したことである。早稲田大学を出たのち、米ハーバード大への留学から原輸出部のニューヨーク・リヨンの両支店での研修を経て帰国後、原合名会社の副社長となった善一郎は、団琢磨の四女と結婚、三溪の後継者として将来を嘱望されていた。

その長男の死は、すでに六十九歳と老齢に差しかかっていた三溪にとって、目の前が真っ暗になるほどのショックであったに違いない。

こうした状況を踏まえ、三溪は社業の整理を決断、製糸からは手を引くこととし、「業界唯一の大製糸業者片倉製糸紡績株式会社と熟談整ひ、昭和一三年七月資本金一百万円の富岡製糸所として独立し片倉会社にその経営を委任し、続いて翌一四年九月三〇日の株主総会の決議より片倉製糸会社に合併し愈々一七年八月二〇日片倉製糸会社富岡工場となった」(『原三溪翁伝』より)。

片倉への委任に先立ち、原合名会社と片倉製糸紡績との間で、「富岡製糸会社合併契約書」が取り交わされている。中身は、一. 原料繭の購入に関する一切　二. 特約組合取引その他蚕業政策遂行に関する一切　三. 内地向主産業と副産物購買に関する一切　四. 土地・建物・機械一切、のすべての権利を譲渡することが記され、原富太郎と当時片倉製糸紡績の社長であった今井五介の署名が最後に書かれていた。

それは、もう太平洋戦争の足音がすぐそこまで迫っていた時期であった。

片倉側の資料では、三溪は富岡製糸場を将来にわたって大事にしてくれる企業として片倉を選んだとある。

「原合名会社は製糸業経営を退かんとする意図を有し、此の光輝ある工場を永久に存置せしむる為遂に我社の協力を求むるに至った」(『片倉製糸紡績株式会社二〇年誌』。)

なお、もう一つの主力製糸所であった名古屋製糸所も一九三六年四月に操業を停止、富岡向けの原料繭の集荷所としての機能へと縮小された。さらに、一九三八年十一月、日本特殊陶業株式会社（日本碍子《がいし》から一九三六年に独立）の軍需工場などへと転換され、完全に原合名の手を離れた。

譲渡の翌年、三溪逝去

三溪は、富岡製糸場を片倉に譲渡した翌年、まるで長男の後を追うように、そして富岡製糸場の経営の責任から解放されて役目を終えたかのごとく、鬼籍に入ることになった。一九三九年八月十六日のことである。美術収集や茶道を通して二〇年近い年齢の差を超えて交流を深めた、あの益田孝が前年の一九三八年に天寿を全うしたことも、気持ちの張りを失わせる出来事だったかもしれない。

上／三溪園旧燈明寺三重塔　下／旧燈明寺本堂（いずれも三溪園提供）

姉（久布白《くぶしろ》音羽）が工女として富岡製糸場で働いたこともあるジャーナリストの徳富蘇峰は、東京日日新聞紙上にその死を悼む文章を掲載した。「思慮もあり、学識もあり、教養もあり、世間の実業家と称せらるゝ仲間では、実に群鶏の一鶴。美術の蒐集家にしてまた書画共に素人離れ」と。

原合名会社は戦後は業務を縮小、紆余曲折を経て、現在は不動産管理などを行う「原地所」という会社名で存続している。三溪の次男良三郎の娘婿である原範行氏が社長を務めるとともに、三溪が関東大震災後に設立の中心となったホテルニューグランドの社長も兼務している。

こうして三溪の死没とほぼ時を同じくして、富岡製糸場は原合名会社の手を離れ、わが国最大の製糸会社の手に委ねられたのである。

「遊覧御随意」の三溪園

原三溪といえば、「三溪園」。この東日本屈指の日本庭園は、造園、遊覧(観光)、古建築保存など様々な面でこれまでにない新機軸を打ち出した、明治後期から昭和初期にかけての「日本のおもてなし」の象徴ともいうべき施設であった。

義祖父善三郎が東京湾に面した郊外の本牧に建てた別荘地を継いだ三溪は、敷地を拡張するとともに、自邸を野毛山から本牧の別荘地内に移すことにする。そして、家族で過ごすプライベートなエリアと市民に公開するパブリックなエリアに分け、主に公開部分に、鎌倉や京都などからそのまま放置すれば朽ちていってしまうような古建築(前ページ写真)を移築した。大型トレーラーもない時代に、いったん解体した膨大な古材を横浜まで輸送し、配置を考えながら組み直してい

臨春閣（三溪園提供）

く作業は、それを専門にしていたとしても容易ではない。三溪は、生糸貿易と製糸場経営、あるいはほかにも第二銀行の頭取などいくつかの仕事を抱えながら、この造園作業に力を尽くし、一九〇六年、パブリックな部分を市民に二十四時間無料開放した。門柱に掲げられた「遊覧御随意」の看板は、三溪園を語るときに欠かせない造園者の精神の発露の象徴となっている。

当時、海外に開かれた日本の表玄関は、羽田空港（開港は一九三一年）でもなく、もちろん成田空港でもなく、海外航路の客船が発着する横浜港であった。三溪園は日本人のみならず、海外からの遊覧客や賓客が日本の地を踏んでまず訪れる、わが国の表座敷の役割も果たしたのである。

園内の小高い丘には松風閣と呼ばれる別邸を備え、賓客は主としてここに滞在した。アメリカ・シカゴの鉄道王で美術収集家としても名高いチャールズ・ラング・フリーア（一八五四～一九一九）やインドの詩人でアジア人初のノーベル賞を受賞したラビンドラナート・タゴール（一八六一～一九四一）なども三溪園で時を過ごした人々である。

また、夫人が三溪の長女と親友であった哲学者の和辻哲郎（一八八九～一九六〇）、三溪の長男善一郎と府立三中（現、両国高校）で同窓だった芥川龍之介（一八九二～一九二七）、善一郎の家庭教師役であった歌人の佐佐木信綱（一八七二～一九六三）ら当代一流の文化人らもしばしば三溪園を訪れていた。

三溪夫妻のキューピッドとなった跡見花蹊の日記（『跡見花蹊日記』）にも何度か、東京から汽車に乗って三溪園を訪れた情景が描かれている。

三溪がこの世を去り、第二次大戦も終わって、原家がこの大庭園を維持できなくなると横浜市の管理となり、一九五三年以降は公益財団法人「三溪園保勝会」が維持管理を行っている。

園のシンボルとなっている三重塔は、京都府加茂町（現在は木津川市）の旧燈明寺から保存のために移築されたもの。のちに本堂も三溪園に移され、ともに国重要文化財となっている。

また、水面に雁行した三棟が連なるように建つ臨春閣は、紀州徳川家の岩出御殿と見られる建物が大阪に移築されたものをさらに三溪園に移す際、あらためて雁行するよう三溪によって配置され直したものだが、最近では、もともと新田開発の管理のための会所《かいしょ》として建てられたという説もある。

神奈川県には、建造物の国重要文化財が五三件あるが、そのうちの二割、一〇件が三溪園にある。しかも、ここに移築されなければ朽ち果てる運命にあったものばかりである。

関東大震災からの復興

原三溪は、横浜港の最大の輸出品であった生糸を扱った大商人というだけでなく、横浜市にとっても大恩人といってよい働きをしている。その筆頭は何といっても関東大震災からの復興の先頭に立ったことである。

関東大震災はどうしても帝都東京の被害を中心に語られることが多いため、東京が最も被害が

今に残る帝国蚕糸倉庫（横浜市中区）

大きかったような印象を受けるが、震源は相模湾であり、より近かった横浜の被害はさらに甚大であった。人口が東京の五分の一であったにもかかわらず、全壊戸数は東京を大きく上回る一万六千棟に達している。とりわけ、横浜の生命線である港の機能が麻痺し、日本の表玄関の役割を被害がなかった神戸港に奪われかねない状況であった。

三溪は、横浜の生糸貿易復興会の理事長に推されただけでなく、横浜市の復興会の会長の重責も担うこととなり、その直後から横浜港の再興や生糸貿易の基盤の再構築などに時には私財をなげうって奔走。その働きによって、横浜は以前にも増して発展し、現在のわが国最大の「市」として羽ばたくベースをつくった。

震災からおよそ一カ月後の九月三十日に開かれた横浜復興会の設立総会での三溪の挨拶は、後々まで語り継がれる名演説であった。

「今回は横浜開港以来吾々祖先がその心血を注いで六〇年来蓄積した処の総ての機関も組織も挙げて一朝の烟《けむり》と消えしめました。しかしながら此は言はば横浜の外形を焼尽したと云ふべきものでありまして、横浜市の本体は厳然として尚存在して居るのであります。横浜市の本体とは市民の精神であります。市民の元気であります。（以下略）」

このように集まった人々を鼓舞し、政府が東京の復興にかかりきりでともすれば横浜は後回しにされかねない状況の中、あるときは東京に足を運び政府首脳に掛け合い、あるときは自ら被災地を回って必要な施策の優先順位をつけるなど、このときばかりは、美術愛好家の一面も、生糸貿易商の本業もなげうって、ひたすら横浜再興に駆け回った。

三溪は、これ以外にも、生糸の価格が大暴落した際に、帝国蚕糸倉庫をつくって多くの業者を救ったり、倒産しかかった銀行の救済に力を尽くすなど、生糸と貿易という横浜経済の根幹を危機のたびに支えるという、一企業の経営者を超えた役割を果たし続けた。

デベロッパーとしての原合名会社

実業の面で生糸貿易や製糸場経営以外にあまり知られていない原合名会社のもう一つの顔がある。それは、イギリスの田園都市の理想をかなえるべく「田園調布」の街をつくった渋沢栄一や、それを受け継いで鉄道経営だけでなく、百貨店、住宅開発などを手掛けた東京急行電鉄の五島慶太とも相通ずる「都市開発者」としての顔である。

三溪の先代が本牧に別邸を構えた時、その周辺はまだ横浜の片田舎で、むしろ海に面したリゾート地のような趣であった。しかし、市街地の発展に伴い、三溪は三溪園の周囲を住宅地にするべく、地域の開発と鉄道、具体的には路面電車の路線を横浜中心部から本牧まで伸ばすことに力を注いだ。

横浜市内の路面電車は一九〇四年の設立時は横浜電気鉄道という私営であったため、三溪はその大株主となって本牧線の開通に尽力した。一九一二(明治四五)年二月、三溪園の一般開放から六年後に、桜木町から本牧まで路面電車が延伸された。同年二月六日の横浜貿易新報には、原合名会社の不動産部門である原地所部が「貸家貸地広告」を出しており、紙面には「本牧町は今般横浜市に於て住居地に選定せられたるを以て将来工場等の為に衛生を害せらるる憂なし」などの売り文句が躍っている。実際、原地所部は本牧に借家を建て、「土地御使用者には横浜電気鉄道本年度全線無料乗車券を贈呈す」という、今の東急不動産や京王不動産などの電鉄系不動産会社でもやらないような破格の「住宅と鉄道のコラボレーション」を行っている。三溪園では開業後もいくつかの建造物が移設されたり、新たに造られたりしているが、そうした整備にも、このビジネスモデルは役に立ったことであろう。

三溪園は今でも園内で様々な季節ごとの催し物が行われたり、三溪園とそのゆかりの店でしか食べられない三溪そばや浄土飯などのいわゆるグルメメニューが提供されているのを見てもわかる通り、ある種の壮大なテーマパークでもあった。居ながらにして京都や鎌倉の古建築が見られる「日本建物博物館」であり、梅や蓮など四季折々の花が見られる「自然植物園」であり、オリジナルの料理が味わえるヌーベルキュイジーヌのレストランがあり、お茶室では茶の湯を愉しめる。海外の遊覧客も多く、横浜港の喧騒からも離れていて、住宅地としても「三溪園のお膝元」に住むことは一種のステータスとしてのアドバンテージを持っていたことだろう。遊覧御随意という無私のホスピタリティ＝おもてなしを三溪園で発揮すると同時に、その三溪園の存在が住宅地としての価値を高め、原地所部に利益をもたらすという好循環が本牧を舞台に繰り広げられたのである。

経営の傍ら三溪園で日本画壇のパトロンに

富岡製糸場を保有していた経営者がいかに文化に対する造詣が深かったかを示す最もわかりやすい例は、三溪が日本の経営者としてはきわめて珍しい「若き芸術家のパトロン」であったことであろう。ヨーロッパでは、王家や貴族が絵画や音楽などの才能のある芸術家を自分の屋敷で面倒を見るといった「パトロネージュ」はごく普通に見られる社会的な仕組みであったが、日本の上流階層では、芸術品を潤沢な資金で買い集めることはあっても、その担い手の育成にまで目配りをし、実際に世に羽ばたかせた例は多くない。

三溪の関心は、古建築を集めただけあって、絵にしても洋画ではなく、日本画家の育成にこだわった。横浜出身で東京美術学校（現在の東京芸術大学）の校長も務め、のちに日本芸術院を率いて、茨城県の五浦《いずら》に拠点を構えた岡倉天心（一八六三〜一九一三）とのつながりから、彼に師事した画家の卵たちをある者は近くに住まわせ、ある者は自邸で朝まで歓待しながら自らのコレクションを惜しげもなく彼らに見せつつ、自分も一人の芸術家として談論風発に加わった。

富岡製糸場という実業においての建築的なシンボル（なぜなら三溪園の開園時にはすでに富岡製糸場は完成して三〇年以上が経過していて、歴史的な評価を得ていた）が和洋折衷であったのに比べ、三溪はあくまで建築や絵画は、純和風、あるいは多くの漢詩を残したことを考えれば、宋や明などの中国の影響を受け継ぐ日本の芸術作品をこよなく愛し、その発展に力を注いだ。

彼の庇護のもとで育った画家は、下村観山、横山大観、安田靫彦《ゆきひこ》、前田青邨《せいそん》、小林古径、今村紫紅、荒井寛方《かんぽう》など、日本の画壇をリードしたビッグネームばかりである。

三溪園の中の私邸部分にある三溪夫妻の住まい「鶴翔閣」では、これらの画家たちが若き頃、三溪が所有する後述するような日本美術の傑作の数々を間近に見ては、創作意欲を掻き立てられた。三溪が集めた絵画は、単に金満家の道楽の対象ではなく、散逸する日本美術の防波堤となって海外流出を免れ、生きた教科書となって、のちの日本を代表する芸術家を育てることにも貢献した。三溪園が単に広大な日本庭園であっただけでなく、わが国における第一級の文化サロンでもあったことは、同時期に彼が経営していた富岡製糸場にも、例えば〝古き良きものを守る〟というような「文化的影響」が、間接的にであれ、及んでいたように思われる。

左／下村観山　右／横山大観（提供：国立国会図書館）

益田孝との様々な縁

こうしたパトロネージュ以外にも、三溪は仕事上の人的交流とは別の「美術人脈」「数寄者人脈」ともいうべき交流にも熱心であった。その最も太い交流の一つが、富岡製糸場の先代の所有者である三井の「鈍翁」こと益田孝である。二人は、商売上の付き合い以上に、美術愛好家としてまた大茶人として交流を深めていた。

この二人は、偶然にも同じ年に同じ人物から平安・鎌倉期の仏画の傑作を手に入れている。益田孝は、現在、奈良国立博物館に所蔵されている「十一面観音像」、原三溪は、同じく東京国立博物館の所蔵となっている「孔雀明王像」、ともに国宝である。

近代美術界では比較的よく知られた話で、様々な書物に二人がそれぞれの絵を入手した経緯が詳細に書かれているので、ここでは簡単にとどめる。

その名画を所有していたのは、維新の元勲の一人、井上馨であった。農商務大臣や内務大臣などを歴任した井上は、出自に下級武士が多く芸術への造詣が決して深いとは言えない薩長の政府高官の中にあって、「世外」の号を持つ風流人であった。すでに明治に年号が変わって間もない頃から美術品を求めるようになっている。井上は明治中頃に日本仏画の最高傑作といってよい「孔雀明王像」を手に入れたが、さらに別の絵を入手するため、三井銀行、三井呉服店に勤める懇意の高橋義雄（号、箒庵）に、「誰か孔雀明王像を一万円で買うものはいないか」と相談を持ちかけた。高橋は、同じ三井の益田孝にこの話を伝えたところ、「まず原三溪に示せばよかろう。それで買わなければ値引きして私が買おう」というような返事をした。当時、絵に一万円（現在ならおよそ一億円）も出す酔狂な者はおらず、三溪は買わないだろうと踏み、井上に一万円では誰も買わないからまけさせようとしたのではないかと考えられている。しかし、三溪は高橋から話を聞いて一万円の支払いを即決、「孔雀明王像」を自分のものにしてしまったのである。

買うかどうか迷うような品であっても他人に取られたら誰でも悔しさが募る。益田は、実弟で美術商を開いていた益田英作に焚きつけられたこともあって、井上が所有するもう一つの逸品

「十一面観音像」を是が非でも手に入れようとする。結局、益田は三万五千円という、「孔雀明王像」をはるかに上回る金額で奈良・法起寺伝来と言われる平安時代を代表する仏画を手に入れたのである。

これは、一九〇三（明治三十六）年、原合名会社が富岡製糸場などを三井から譲られた翌年のことであった。名画をめぐる鞘あてがあった時と同じタイミングで富岡製糸場は、両者の間でバトンタッチされたのである。

幻の「原三溪美術館」

三溪は、「孔雀明王像」のほかにも、「後鳥羽院宸翰《しんかん》」「後鳥羽院御肖像」（ともに国宝、のちに皇室に献上）、「寝覚物語絵巻」（国宝、大和文華館蔵）、「多武峰《とうのみね》曼荼羅」（重要文化財、大和文華館蔵）、『四季山水図』（伝雪舟　重要文化財　京都国立博物館蔵）、「一遍上人絵伝　第七巻」（国宝、東京国立博物館蔵）、「地獄草紙」（国宝、奈良国立博物館蔵）など日本を代表する作品を中心に収集、彼が生涯に収集した全コレクションは五～六千点とも八千点とも言われている。

原三溪旧蔵画／下村観山「雪の朝帰り」（提供：三溪園）

三溪園を市民に開放した三溪であれば、これらの収集品もいずれ一般に公開しようと考えた可能性は高く、「三溪美術館」が実現したとしてもおかしくないかもしれないが、その夢を打ち砕いたのが関東大震災であった。三溪は、震災を機にこれまで年間数十万円を費やしていた美術品の購入をほとんど辞めてしまう。そして彼の死後は、そのコレクションを維持することが難しくなり、公立の美術館・博物館に寄贈したり、近畿日本鉄道の文化事業として奈良市に設立された「大和文華館」の館長に就任した、三溪と美術を通じて親交のあった美術史家の矢代幸雄によってこの美術館に収められたりして、結果としてはそのコレクションは広く散逸した。

二〇〇九年、三溪園で横浜開港一五〇年を記念して開かれた「原三溪旧蔵品展」には、主要な作品のいくつかが集まったが、もし、三溪が本格的に自身のコレクションをもとに美術館を設立したならば、根津美術館（東武鉄道などの社長を務めた根津嘉一郎の設立）、出光美術館（出光興産を設立した出光佐三のコレクションを収蔵）といった実業家が設立した現存する美術館を質・量ともにはるかに上回る規模になったに違いない。

これは、前章で述べた益田孝も同様である。二〇一五年に刊行された『幻の五大美術館と明治の実業家たち』（祥伝社新書）の中で、もしコレクションをそのまま美術館にしたら逸品揃いとなる実業家の収集品を紹介しているが、五人のうち一人目が益田孝、二人目が原三溪であることからも、二人のコレクションが突出していたことがわかる。ちなみにほかの三人のうちの一人は、川崎造船所（現、川崎重工業）の社長であった松方幸次郎で、父は富岡製糸場の払い下げに腐心した松方正義である。幸次郎のコレクションのうち、パリで保管されたものは「松方コレクション」と呼ばれ、戦後、そのコレクションを保管・展示するために専用の美術館を建てることを条件に、フランス政府から日本に返還されることになった。それが上野公園に建つ国立西洋美術館で、本館は二〇一六年に「ル・コルビュジエの建築作品」の構成資産の一つとして世界遺産に登録されている。

先述の矢代幸雄は、大和文華館の館誌『大和文華』の中で、「三溪先生は、日本が生んだ芸術パトロンとして最大なる人物である。（中略）古美術の蒐集に於て、三溪園が日本に於ける個人蒐集中、質・量ともに第一位にあり、之に次ぐものとして益田孝氏の蒐集があったことが斯界の常識になっている」と書いており、美術の専門家から見ても、三溪のコレクションは当時の最高位に位置していたことがわかるし、そのコレクションを支えていた「富の源泉」の一つが富岡製糸場であったことに、これまではあまり指摘されていない富岡製糸場が果たした役割も浮かび上がってくるのである。

このように、三溪美術館は幻に終わったものの、主だった作品は東京国立博物館をはじめ、多くは公共施設に収められ、我々が見ることができるものも少なくないし、何よりも「わが国にとって特別の意味を持つ製糸場」を片倉に引き継ぐことで、結果として富岡製糸場の保存に、三溪原富太郎は大きく貢献したのである。

Column #4

もう一つの「原」美術館

東京・品川区の住宅街に、名前だけ聞くと一瞬原三溪の美術館かと勘違いしてしまいそうな「原美術館」がある。「原三溪美術館」が幻であったことは縷々述べたが、こちらの美術館は、実業家の原俊夫が設立した現代美術館で一九七九年に開館した。俊夫の祖父、原邦造（一八八三〜一九五八）も、電源開発総裁、東京ガス会長、日本航空会長、帝都高速度交通営団（現、東京メトロ）総裁などを務めた実業家で、一九三八年に建築家渡辺仁の設計により完成した邦造の私邸が現在の美術館の建物である。白いモザイクタイルが緩やかな曲線をつくるモダニズム建築で、開催される現代美術の企画展によくマッチする建築となっている。

「はら」違いで、三溪とは全く関係ないが、邦造の義父である原六郎（一八四二〜一九三三）は、原三溪や益田孝とほぼ同時代に生きた経済人で、横浜正金銀行の頭取も務めている。原美術館の建つ場所は、益田孝の御殿山の自邸と同じ屋敷街の一角である。鈍翁や三溪とも何がしかの交流があったとしても不思議ではないだろう。原六郎は一時期、渋沢栄一、安田善次郎らとともに「明治財界五人男」と言われた時期があり、渋沢との縁もある。六郎は米国留学時代に同志社を設立した新島襄と知り合っており、学校設立にあたっ

原美術館（東京・品川区）

て、渋沢栄一と並んで最高額を寄付している。山陽鉄道の創立委員の名簿にも中上川彦次郎とともに名前がある。さらに、原美術館の建物の設計をした渡辺仁は、関東大震災からの横浜復興のシンボルとして原三溪が中心となって設立したホテルニューグランドの本館(一九二七年開業)の設計を行っている。そして、ホテルニューグランドの現在の会長は、先述のように原地所の社長の原範行氏である。

また、原美術館は磯崎新による設計の「ハラ ミュージアム アーク」という別館を持っているが、所在地は群馬県の渋川市である。榛名山の東麓、緑豊かな伊香保グリーン牧場に隣接して建つ、緑とのコントラストが映える厩舎風の黒い建物には、一九一五年以降の現代美術を展示するギャラリーがあるほか、二〇〇八年完成の特別展示室「觀海庵」があり、原六郎が収集した古美術はここで見ることができる。コレクションは、近世日本絵画を中心に、工芸、書、さらに中国美術など一二〇点余りが所蔵されており、中国磁器の「青磁下蕪花瓶」(国宝)、「縄暖簾図屏風」(重要文化財)、円山応挙の大作画巻「淀川両岸図巻」、狩野派一門による「三井寺旧日光院客殿障壁画」などが代表的な作品である。

富岡製糸場とは全く無関係だと思っていた原美術館は、巡り巡ってまた「群馬」に戻ってきてしまったようだ。

ハラ ミュージアム アーク(群馬県渋川市)

原美術館と同じ渡辺仁が設計したホテルニューグランド(横浜市)

第四章　「片倉製糸」と片倉兼太郎

第四のランナー「カタクラ」

絹や製糸に少しでもかかわりのある人で「カタクラ」の名を知らない人はおそらくいないであろう。現在も東証一部上場の企業で、新聞の株価欄を手に取ると「繊維・紙」の分類のトップに「片倉」の名を見つけることができる。とはいえ、現在の「片倉工業株式会社」が何を作っているかを知る人は、その名前を知っている人ほどは多くないかもしれない。

最新の片倉工業の事業内容を公式ホームページから拾ってみると、

一．肌着・靴下の仕入れ・販売等
二．自動車部品・工業計器・各種バルブの開発・設計・製造・販売
三．ショッピングセンター、総合住宅展示場および不動産賃貸事業
四．ホームセンター、一〇〇円ショップ
五．交配用みつばち、農薬等の製造販売

などが柱であることがわかる。

「製糸」の会社であったことの名残は、肌着や靴下などを手掛けていることと、蚕ならぬ蜜蜂という昆虫にかかわっていることくらいしかない。埼玉県南部にお住まいの方なら、ＪＲさいたま新都心駅の東に広がる「コクーンシティ」という巨大なショッピングコンプレックスを思い浮

かべるかもしれない。この商業施設は片倉工業株式会社の直営で、「コクーン」という名前に製糸業を由来とする企業の名残がかろうじて見える。コクーンは、いうまでもなく、生糸の原料である「繭」を英訳したものだからだ。コクーンシティの敷地は、片倉工業の中でもかつて最大の製糸工場の一つであった大宮工場が建っていた場所である。

富岡製糸場を受け継ぐリレー競技の最終ランナーとしてバトンを受け渡されたのがこの片倉であったことは、富岡製糸場にとって、そして今、「富岡製糸場と絹産業遺産群」の世界遺産登録を寿ぐ人にとって、きわめて幸運だったというほかない。これまでの章で見てきたように、三井、原という日本の近代を代表する文化人が率いた企業に比べても、まったく遜色がないスケールを有した経営者が明治から昭和にかけて築き上げた、きわめて熟度の高い企業、そして富岡製糸場への熱い思いということに限れば、前二社を凌ぐ熱意を持ち続けた企業だったからである。この章では、片倉の発展とそれを牽引した片倉家の人々に焦点を絞って、富岡製糸場とのかかわりを紐解いていきたい。

すでに大きな製糸工場を多く所有

富岡製糸場が実質的に片倉の手に移ったのは、一九三八年、昭和十三年のことであった。原三溪が没したのはその翌年であるから、三溪はまるで富岡製糸場の処分を済ませほっとしたのもつかの間、辞世の句を詠むに至ったことになる。当時の片倉製糸紡績株式会社は、大正末までに各地に三〇あまりの製糸工場を所有していただけでなく、昭和に入ってからも工場の新設（紀南製糸所〈和歌山県日高郡湯川村、現御坊市〉、全州製糸所〈現、韓国全羅北道全州市〉、咸興製糸所〈現、北朝鮮咸鏡南道咸興市〉、三原製糸所〈広島県御調郡三原町、現三原市〉など）、工場経営の委任受託（多摩製糸株式会社〈東京都西多摩郡熊川村、現、昭島市〉、岩手県是製糸株式会社〈盛岡、陸前高田などに工場〉など）、工場の買収（京畿道営京城製糸所など）によってさらに製糸場や蚕種製造所を増やし、富岡製糸場の入手によって、製糸工場だけで全国（朝鮮・台湾を含む）で六〇カ所余りにもなっていた。その意味では、富岡製糸場は、片倉にとって、ワン・オブ・ゼムに過ぎなかったわけだが、それでも「トミオカ」は普通の工場ではなかった。片倉にとっては、因縁のある、どうしても手に入れたかった工場だったのである。

岡谷で産声を上げた初代片倉兼太郎

片倉製糸が富岡製糸場を入手した一九三八年当時の経営者は、会長が三代目片倉兼太郎（初代兼太郎の弟、佐一の長男）、社長が今井五介（初代兼太郎の弟）であった。しかし、片倉製糸は官営からの払い下げの時から富岡製糸場にかかわっており、片倉の歴史を確認する意味でも、初代の足跡から説き起こす必要がある。そこで、片倉製糸の創業から発展期までを振り返りたい。

片倉製糸の発祥は、筑摩県諏訪郡三沢村。一八七三年に川岸村となり、戦後は岡谷市に合併している。岡谷は、諏訪湖の西岸および諏訪湖から流れ出る唯一の河川である天竜川沿いに広がる町で、ＪＲの中央線が通るほか、中央自動車道と長野自動車道をつなぐ岡谷ジャンクションもある諏訪地方の交通の要衝である。岡谷駅で列車を降り、駅前から天竜川に並行して西へ延びる岡谷街道を進み、松本へ向かう中央線の線路の手前を右折してしばらくすると、茅葺きの古いたたずまいの家が見えてくる。これが、初代片倉兼太郎が生まれた家で、今も片倉工業による管理のもと保存されている。

片倉兼太郎生家（長野県岡谷市）

一八五〇年というからペリーが浦賀に来航する三年前に豪農片倉家の長男としてここで産声を上げた兼太郎は、二十三歳のとき、この自宅の一隅で父市助とともに一〇人繰りの座繰り製糸を始めていた。一八七三年、富岡製糸場の操業開始の翌年のことである。

同じ年、岡谷では武居代次郎がフランス式・イタリア式の繰糸器を研究し、のちに「諏訪式繰糸器」と呼ばれるようになる安価で簡便な繰糸器を開発、これをきっかけに岡谷では天竜川の豊富な水を動力にした製糸工場がこの川沿いを中心に次々と造られていった。

そして、初代兼太郎も、座繰り製糸を始めてから五年後の一八七八年、天竜川沿いに三二人繰りの垣外《かいと》製糸所を開設した。さらに同年生糸輸出の会社深沢社を設立、翌年には、尾沢金左衛門、林倉太郎とともに、開明社を設立した。原合名会社が生糸の売込商から製糸会社へと、川上へ遡る形で事業を拡大したのに対し、片倉は自ら作った生糸を直接海外へ売り込むために川下へと事業を広げようとしたのである。

最初の払い下げ時から富岡獲得へ名乗り

第一章で述べたように、片倉はすでに最初の払い下げ時から富岡製糸場の入手に力を注いできた。おさらいすると、一八九一年六月の一回目の入札で、同じ信州の製糸会社とともに応札したが、二社とも入札予定額に届かず、入札そのものが延期となった。

さらに、一八九三年の入札では、岡谷の有力な製糸業者で結成した上述の「開明社」として応札、たまたまその年の代表は片倉ではなく、林国蔵であったので、応札者の名前に片倉は出てこないが、開明社の中でも最も力の強かった片倉の意向が強かったのは明らかである。

しかし、この時も三井が落札したためかなわず、県外への進出はもう少し後のこととなる。岡谷以外への片倉の製糸工場の進出は一八九〇年の松本製糸所の建設であったが、その後一八九八年に念願の関東へ進出。東京・千駄ヶ谷（当時は、東京府豊多摩郡千駄ヶ谷町）に三二釜の製糸場を設けたが、さらに広い敷地を求めて、一九〇一年、埼玉県の大宮へと移った。

また、海外にも早くから目を向け、すでに一八九三年にはのちに社長となる今井五介らを上海に派遣し、中国での製糸業の試みを始めている。これは翌年の日清戦争の勃発で中止となったが、その後も台湾、朝鮮半島へも事業を拡張している。

その一方、お膝元の岡谷では、諏訪湖・天竜川の豊富な水力と労働力（明治後期の長野県の人口は全国で八〜九位で、千葉県や静岡県よりも多かった）をもとに、地元の製糸家によって次々と数多くの製糸工場が建てられ、わが国最大の製糸の街としての地位を不動のものにした。大正も後半になると、岡谷の人口（当時の平野村のみで現在の市域となる周辺部は含まず）は、製糸工場で働く人たちやその労働者を対象にした商売人などで大きく膨れ、長野県では松本市に次ぐ第二位の規模となっている。今では信じ難いことだが、県都の長野市よりも岡谷のほうが人口が多かったのである。片倉も一九二〇年に片倉製糸紡績として株式会社化し、本社を東京・京橋に移すまで、諏訪湖畔を本拠に業務を拡大し続けた。

なお、この片倉製糸紡績の設立時の発起人二二人の中に、原富太郎（三溪）の名前がある。社長に就任したのは、初代兼太郎の実弟佐一で、二代目兼太郎を名乗っている。三溪は設立と同時に顧問となっている。横浜の生糸貿易の雄として、当時最大の製糸会社へと成長著しい片倉とはすでに深い縁を結んでいたことがわかる。

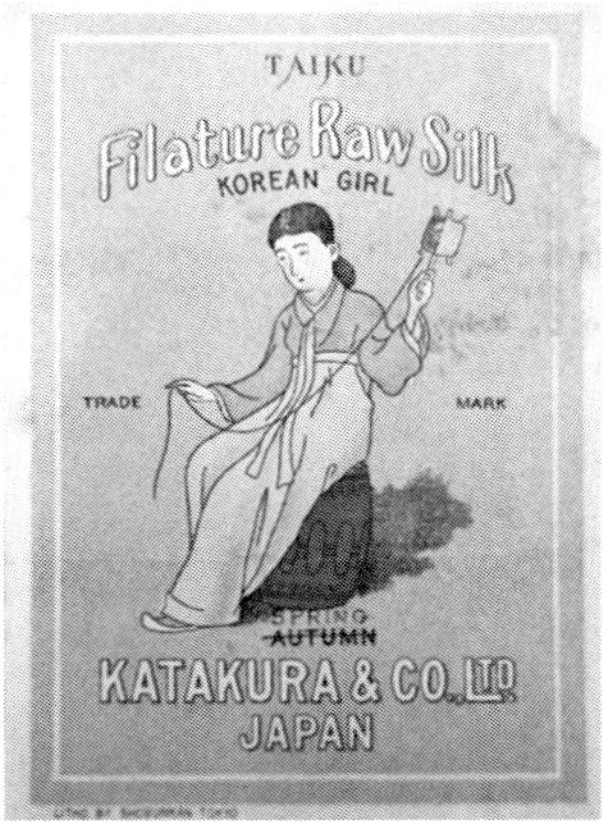

片倉大邱製糸所の生糸商標

同族の絆

三井が、十一家の同族で結束しながら、経営には中上川彦次郎や益田孝、団琢磨ら同族外の力を重用したのと比べ、また原家のようになかなか血族の後継者に恵まれなかったのに比して、片倉は第二次大戦まで一貫して、同族での経営により飛躍した。

簡単な片倉家の系譜を確認しておこう。

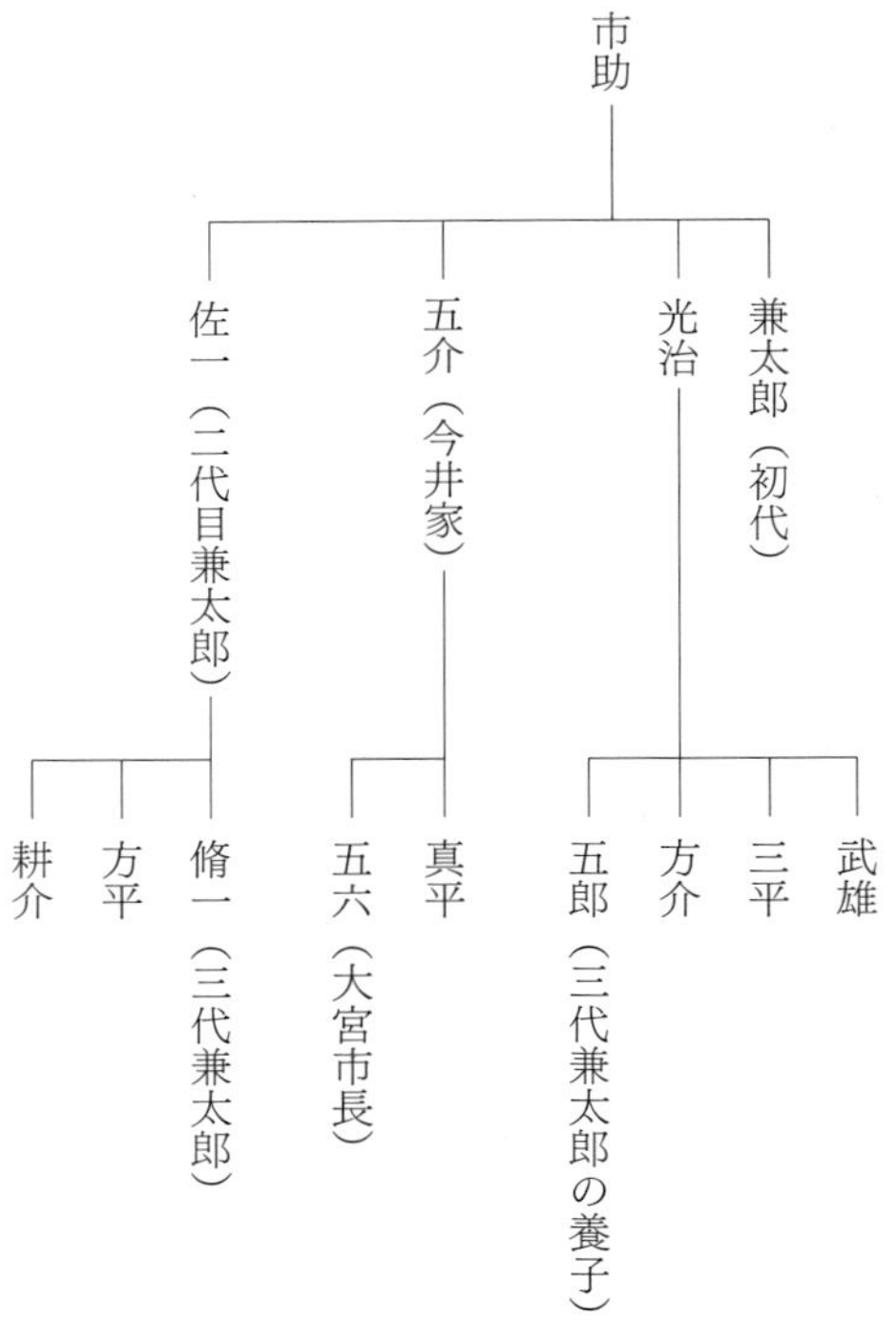

このように、市助を創業者とすれば、長男が会社を育て、二人の弟が社長を継ぎ、さらにその子が継いでいくというように理想的な同族経営が行われている。兄、弥太郎の後を継いだ岩崎弥之助が三代目を兄の子、弥助に継がせて岩崎同族での経営の継続に成功した三菱を思わせる継承である。

急速な軍需化

話を富岡製糸場に戻そう。

最初の一年は、独立した株式会社「富岡製糸所」として、委任経営を行っていた片倉製糸紡績は、翌一九三九年、正式な片倉の直営工場として組織に組み入れる。この時の所長は、尾沢虎雄。原合名会社からの委任経営を任され、片倉直営になってからもさらに一年間、所長を続けている。

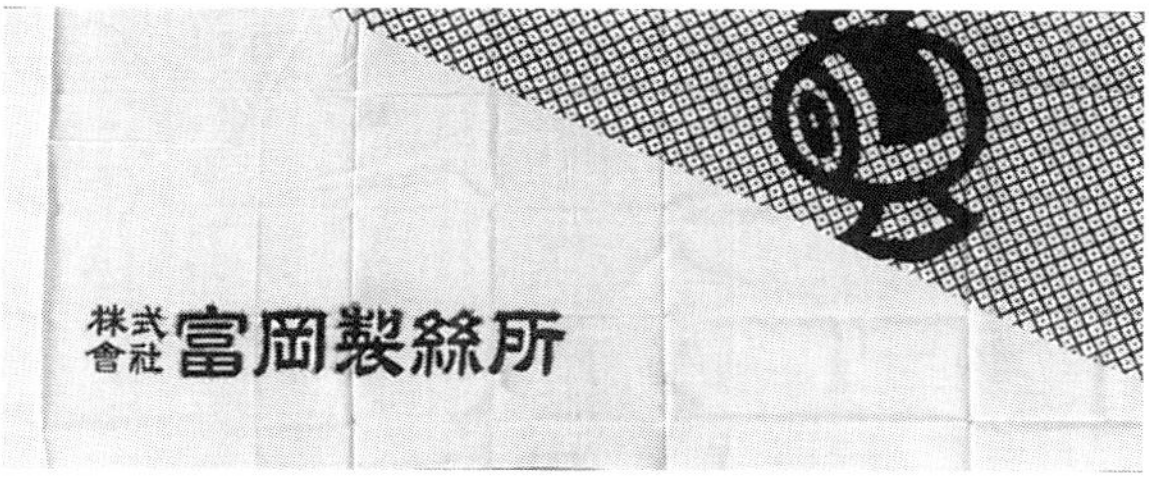

「株式会社 富岡製糸所」のてぬぐい

尾沢虎雄は、岡谷の大製糸家、尾沢組の経営者尾沢福太郎の養子として入ったが、一九二三年（大正十二）年、尾沢組が片倉製糸紡績に吸収合併され、片倉で重役陣に加わった。その後、片倉尾沢製糸所（岡谷市）、平野製糸所（岡谷市）、鳥栖製糸所（佐賀県）、小城《おぎ》郡是製糸所（佐賀県）などの所長を務めたのち、富岡製糸所長となっている。

なお、尾沢組は、富岡製糸場の二度目の入札に応札した「開明社」を片倉兼太郎、林倉太郎とともに創設した製糸業者で、諏訪の六大製糸会社の一つであり、一九三六年、平野村が「町」を通り越して一足飛びに「岡谷市」となった際、市にふさわしい市庁舎が必要だとして、私財を投じて新市庁舎を建設し、市に寄贈している。この建物は、一九八七年まで現役の市庁舎として使われ、さらにその後、二〇一五年まで岡谷市消防署の庁舎として使われた。長年の夢かなって手に入れた富岡製糸場の責任者に、岡谷で切磋琢磨してともに大きくなった製糸家の跡取りを据えていることからも、片倉の富岡製糸場へかける期待が伝わってくる。

さて、富岡製糸場の委任経営から三年後の一九四一年十二月、真珠湾攻撃により太平洋戦争の火蓋《ひぶた》が切って落とされた。これ以降、片倉製糸の工場は急速に様態を変えていくことになる。

以下は、『片倉工業株式会社三十年誌』の年表からの抜粋である。

一九四二年六月一三日　今後製糸所は地方名を入れて何々工場と呼称し、特殊工場は地方名を附せず、製品名を入れて何々工場と呼称することに決定した

一九四二年一一月　絹化学工場完成し絹バッキング、絹ベルト等の製造を開始し、三菱重工業株式会社名古屋航空機製作所及び川崎航空機株式会社岐阜製作所の協力工場となった

一九四三年六月一四日　絹化学工場は陸軍航空本部の監督工場となり、軍当局と契約を締結した

一九四四年三月二五日　甲府撚糸工場は陸軍被服本廠の監督工場に指定された

一九四三年には蚕糸業統制法により、全国の製糸会社が大同団結するため「日本蚕糸製造株式会社」が設立され、片倉の製糸場の多くは、この国策会社に賃貸されることになった。富岡製糸場も同様である。

また、呼称変更により「富岡製糸所」も「富岡工場」と呼ばれるようになったが、これは片倉の事業所が製糸場から相次いで他の用途に転換しつつあったことの表れである。もはや「製糸」に

とどまっていることができなくなっていたわけである。

さらに、飛行機の部品となる絹のベルトなどを製作する「絹化学工場」への転換が進み、軍需工場化していく様子も伝わってくる。ちなみに、三菱の名古屋航空機製作所は、現在、同社の名古屋航空宇宙システム製作所となって、日本初の小型ジェット機「ＭＲＪ」の試作・製造・飛行試験を行っており、二〇一五年の初飛行で一気に注目を集めた。

軍需工場化を免れた富岡製糸場

こうした中、富岡製糸場でも陸軍の空挺部隊のパラシュート用生糸の製造が主力となったが、幸い軍需工場への完全な転換には至らず、終戦後、再び片倉工業の手に戻り、製糸工場としてのさらなる歴史を刻み始めることになる。製糸の再開は、一九四六年四月十八日のことであった。

ちなみに、終戦後五年たった一九五〇年に片倉が所有する製糸工場は三三、戦前のほぼ半数である。この時の富岡工場の設備は御法川式繰糸機四八〇台、年間生産能力二六四六俵、従業員五〇〇人で、いずれも片倉工業の全製糸工場中最も多い数字になっている。富岡製糸場

旧岡谷市庁舎

は、片倉の最重要工場として、戦後出発したのである。

経営者は、一九四一年に二代目社長今井五介の後を、会長だった片倉兼太郎（三代）が社長としても三代目に就任したが、戦後、片倉は財閥解体の対象となり、兼太郎は公職追放で社長の座を降りようとした矢先に死去、後を継いで、鳥栖製糸所長などを歴任した野崎熊次郎が四代目の社長となった。ところが、そのわずか半年後に野崎も急逝し、中澤正英が五代目の代表取締役となった。一九四七年八月のことである。片倉の同族支配は、こうして戦後は姿を消すのである。

ちなみに、片倉と製糸業の覇を競った「西の郡是」こと郡是製糸の基幹工場である本工場（京都府綾部町、現、綾部市）は、「一九四三年五月、時局の要請により製糸業を廃して発電器・計器等航空機部品の軍需品製造を始めた」（『郡是製糸六十年誌』）。そして、戦後も本社工場ではありながら、絹メリヤスの生地及び製品の製造工場へと転換し、製糸の灯は再び綾部に灯ることはなかった。逆にこれが、男性用肌着・インナーのトップ企業として現在に至る「グンゼ」へのスタートとなった。郡是製糸がすべての工場で生糸の生産を打ち切ったのは、富岡製糸場の操業停止と同じ、一九八七年のことであった。

繰糸機の開発と逆輸出

戦前に御法川直三郎が画期的な多条繰糸機を開発し富岡製糸場にも導入されたことに触れた

が、繰糸機の技術革新に製糸会社自らが乗り出すようになったのも、戦後の特徴である。そして、繭から糸の先端を見つけ、それを数本集めて指定された太さの均一な生糸を生成する一連の作業をすべてオートメーション化した夢の繰糸機が生み出された。自動繰糸機の登場である。

その先頭を走っていたのも片倉工業である。一九五一年には「K8A」、五四年には「K8B」と名付けられた機械を実用化、富岡製糸場にもK8A型の自動繰糸機が設置され、作業効率は格段に上がる一方で、人手も大幅に削減された。なお、西の横綱「郡是製糸」も同時期に自動繰糸機を独自に開発しているが、「日本初（＝世界初）の自動繰糸機」は、片倉でも郡是でもなく、岐阜県の小さな製糸会社によってこの世に誕生した。東濃の岩村町（現、恵那市）にあった恵南《けいなん》共同蚕糸株式会社である。社長であり研究者でもあった山田斧一が終戦直後の一九四六年に開発を開始、K8Aが完成したのと同じ年の一九五一年に「恵南式自動繰糸機」が実用化されている。また、一九五四年に、のちに日産自動車となるプリンス自動車工業でも自動繰糸機が完成するなど、繰糸技術は戦後日本で大きく発展した。

郡是製糸の生糸商標

これらの機械は一九六〇年頃にはフランスやイタリアなどのヨーロッパの生糸先進国にも輸出されるようになった。一八七〇年代の初め、前橋製糸所においてはイタリアの、富岡製糸場においてはフランスの繰糸器の導入により始まった日本の近代器械製糸は、九〇年の歳月を経てついに「教師」たる両国に機械を逆輸出するまでになる。世界遺産の登録理由である「技術の相互交流」の一つの到達点がここに実現し、世界の技術発展史上の大エポックを迎えることになる。

現在、富岡製糸場の繰糸場に置かれている機械は、日産製の「HR―二型」自動繰糸機である。これは、プリンス自動車が一九六六年に日産自動車と合併したためにそれ以降の機械は「日産」製となったことによる。一方、プリンス自動車の前身企業の一つは群馬県太田市に本拠のあった、戦前のわが国最大の航空機メーカー「中島飛行機」である。戦後、財閥解体でいくつかの会社に分かれたうちの一つが、プリンス工業につながる「富士精密工業」であった。ちなみに、「すばる」のブランド名で知られる富士重工も、やはり中島飛行機の後継企業である。日産自動車のほうは、ダットサンからスカイライン、フェアレディZ、セドリックなどの名車を生んだが、経営不振から一九九九年にフランスの自動車メーカー「ルノー」の傘下に入っている。フランス製の繰糸器から始まった富岡製糸場に最後の繰糸機を納めた日産が再びフランス企業の傘下に入っている巡り合わせに、あらためて企業の盛衰の不思議を感じざるをえない。

『日産自動車社史』にも、「当社はこの第一期(筆者注、一九五四～五六年)末にヨーロッパにも進出することを決定し、昭和三二(一九五七)年、フランスに四セットの定粒式自動繰糸機を輸出した。明治維新後、殖産興業の一施策として製糸業が興され、そのときフランス製繰糸機を輸入し、フランス人技師の指導のもとに群馬県富岡製糸所において稼働を開始したことを思えば隔世の感を禁じえない」と記述されている。

日産自動車は、二〇一六年八月に高速道路限定だが、わが国初の本格的な自動運転機能を持つ乗用車を市場に投入した。繰糸機の次は、車の運転の「自動」競争の始まりである。

廃業の決断

富岡製糸場が最大の生糸生産量を記録したのは、戦後もかなり時を経た一九七四(昭和四十九)年のことである。三七三・四トンというから、戦前の最高である一七七・〇トン(一九四二年)を倍以上上回る、まさに黄金期を迎えていた。しかし、まさかそのわずか一三年後に操業を停止することになるとは誰が想像しただろうか？　とはいえこの時には他の多くの製糸工場は閉鎖され、特に器械製糸の揺籃の地といってよい長野県岡谷市では、すでに製糸の火が消えようとしていた。一九三九(昭和十四)年には従業員千人以上の製糸工場が三八もあった岡谷では、戦後精密機械などへの転換が一気に進み、二十世紀末まで製糸業であり続けたのは、「味澤製糸」と「宮坂製糸」の二社にほぼ限られるまでに衰退した。

上／現在の富岡製糸場に設置されている繰糸機
下／岡谷蚕糸博物館内の宮坂製糸所

味澤製糸は、現在もシルク製品の製造販売を行う会社として存続しているが、製糸そのものは一九九八(平成十)年に終えている。宮坂製糸は、自動繰糸機と座繰りの両方を使って今も多様な生糸を生み出している企業で、二〇一四年にリニューアルされ移転オープンした岡谷蚕糸博物館の中で、「動態展示」という珍しい形態で操業を続けている。

一九八七（昭和六十二）年三月、富岡製糸場はひっそりと一一五年の操業の歴史を閉じた。一八七二年十月四日の開業から一一四年と五カ月、通算日数は四万一七九〇日であった。

閉鎖翌日の地元紙「上毛新聞」を見ると、一応第一面ではあるものの、下半分の四段程度の目立つとは言えない控えめな記事に、閉所式の模様が載っている。

タイトルは「ひっそりと終止符　富岡製糸場　社員だけで閉所式」。三月五日の午前十一時半からブリュナ館で、当時の柳沢晴夫片倉工業社長他社員一〇〇人が参加して式が行われたとある。閉所時の富岡製糸場の従業員は一〇〇人を切り、九六人であったことから、富岡製糸場の勤務者以外の参加は一〇人いるかいないかという程度であったようだ。物故者への黙祷の後、橘高《きったか》辰巳工場長が「私たちは赤れんがに恥じないシルクを作ってきた。これからもこの誇りを持って頑張ろう」との挨拶をしている。

記事によれば、「工場の従業員は約三分の二が退職するほか、熊谷工場への配転や富岡工場での建物管理、原料仕入れなどの業務に就く」こと、「この日、富岡市内九寺院と甘楽町の宝積寺《ほうしゃく》、下仁田町の清泉寺で、朝、正午、夕方に閉所を惜しむ市民らによる梵鐘の惜別打会が行われた」ことがわかる。

そのうち、工女の墓があることで知られる富岡市の龍光寺では富岡市長、富岡青年会議所理事長ら市民が別れの鐘を突いたという。

さらに、今見れば驚くべきことに、「同工場は引き続き片倉工業が管理し、六十七年（昭和、実際には年号が変わり、平成四年）の上信越自動車道開通予定をメドに、観光・レジャー施設として生まれ変わる」ことが記されている。

これだけ読めば、遠からず、工場が更地になり、何らかのテーマパークのようなものができるような記述に読める。もしその通りになっていたら、あるいは全部を壊さなくても、工場の敷地に大きな変更が加えられていたら、世界遺産への登録は実現しなかったであろう。

この閉鎖ののち、工場の利用法には様々な憶測や期待が寄せられ続けたが、結果として片倉工業は、閉鎖された時のまま時間を閉じ込めたかのように、毎年多くの経費と手間を費やして、富岡製糸場を守り続けた。富岡製糸場が富岡市の管理に移ったのは、それから一八年後の二〇〇五年のことであった。

諏訪湖畔に疎開させた創業時の品々

時を再び戦前、片倉工業が富岡製糸場を所有する前に戻したい。

三代目兼太郎は、一九三四年、父の二代兼太郎の死ののち、脩一から兼太郎と改名、三五年に会長に就任するとともに、人絹の隆盛や戦争の長期化などから製糸業の将来を心配し、資料の散逸を防ぐため製糸の機械器具類の収集を始めた。

片倉家は初代・二代兼太郎ともに書画骨董の収集に傾倒するようなことはなかったが、それでも様々な名士との付き合いの中で、おのずとコレクションも増えていった。三代目が一九四一年に欧米に出かけた折にも絵画を買ったという証言が残されている。こうしたコレクションを展示するために、第二次大戦の真っただ中というより敗色濃厚になってきた一九四四年、諏訪湖畔に立派な美術館を建設し、「懐古館」と名付け、一般公開を始めた。現在の諏訪市美術館である。白壁の外壁に緑色の瓦が乗った左右対称の二階建ての建物は、昭和初期に流行した、洋風の建物の屋根だけを和風にする「帝冠様式」と呼ばれる建築である。一九五五年に刊行された『富岡史』という本に、富岡製糸場に関する資料の写真がかなり引用されているが、その注意書きを見ると、それらの品々は、「富岡製糸場資料遺品　諏訪市懐古館所蔵」と明記されているので、一九五五年の時点では、確かに富岡製糸場ゆかりの資料が片倉が開いた懐古館にあったと推定できる。

懐古館は、従業員や地域住民のために二代目兼太郎が建てた温泉保養施設（現、片倉館　国重要文化財）の付属施設として造られ、モダンな片倉館とともに、諏訪湖畔の景観に潤いを添えている。益田孝と原三溪が収集した美術コレクションを展示する「幻の美術館」構想を実現できなかったのに比べ、規模や中身はかなり下回るにせよ、片倉は美術館兼資料館を存命中に建てることができたのだ。

未来を見据えた慧眼

三代兼太郎の義弟である岩波寛氏が兼太郎氏の回想として次のように語っているのが興味深い。

「三代は昭和一三年ころから各方面に手をのばして機会あるごとに、製糸用の器具・機械工具並びに関係諸文献を集め始め、それをみんな現在の美術館になっている建物へ運んでこられた。（中略）時代の変遷を、われわれが日常心なく使っている生活上の諸器物、諸道具でも明治・大正・昭和と時の流れに随ってその容姿が変っていく歴史の歯車は無言のうちに廻転している。その廻転する姿を形によって遺していくのであろう。だから三代は、父祖承伝の家業の製糸の変遷、進歩発達過程を器具・機械等によって後世に遺そうとするのであろう」（岡谷蚕糸博物館紀要第二号「片倉家の人々と片倉寄贈蚕糸資料」より）

文化財の価値が広く浸透した現在であれば、「眼前にいくらでもあるものだから今は価値がないが、数十年後には手に入らなくなるかもしれないから保存すべきだ」と考えることは、多くの人が理解できるであろう。しかし、経済的にも世の中の雰囲気においてもきわめて厳しかった第二次大戦の直前やさなかに、「産業遺産」の価値に気づき、その収集を志した兼太郎には先見の明があったというほかない。

富岡製糸場を手に入れてからは、創業時のフランス式繰糸器や水分検査器、台秤《はかり》などを積極的に保存、応接セットや柱時計も含め、富岡製糸場の器械類をはじめとする一〇〇〇点あまりの資料は、一九五九年三月に財団法人片倉館から岡谷市に寄贈され、一九六四年に開館した市立岡谷蚕糸博物館の展示の目玉になっている。

岡谷蚕糸博物館は、以後、日本で唯一の総合的な蚕糸博物館として

諏訪市美術館

市により運営され、二〇一四年十一月に、同じ岡谷市内に新築移転、敷地内に現在も実際に製糸を行う、前述の地元の企業「宮坂製糸所」を包摂する形で、製糸作業が目に見える「生きた博物館」としてリニューアルされた。目の前を動物たちが生き生きと動き回る「行動展示」で息を吹き返し、道内有数の観光地となった旭山動物園（北海道旭川市）になぞらえれば、まさに蚕糸の「行動展示」ともいえるこの博物館は、今は市営とはいえ、片倉の未来を透視する力なくしては成り立たなかった。この視点は、富岡製糸場をオリジナルの形で二十一世紀に引き継いだ姿勢と見事にオーバーラップするように思える。

群馬県高崎市にある「日本絹の里」をはじめ、長野県駒ケ根市の「シルクミュージアム」、愛媛県西予市の「野村シルク博物館」、京都府綾部市の「グンゼ博物苑」など国内各地にある蚕糸関連の博物館を超える充実した展示は、まさに「カタクラ」の遺産であるといってよいだろう。

次第に「脱・製糸」へ

この章の冒頭に述べたように、現在の片倉は株式欄の括りでは「繊維」に分類されているものの、繊維関連の売り上げは全体の二割程度で、最大の事業は売り上げの三分の一を占める医薬品である。蚕の蛹から抽出したビタミンB2の販売から始まったビタミン製剤が主力商品となっている。ほかに機械関連が繊維とほぼ同じ二二パーセント、不動産事業が一七パーセントと多角化が進んでいる。

一九六六年の片倉工業の「会社案内」を見ると、製糸工場は全国に一四。富岡製糸場はもちろんのこと、熊谷、大宮のほか、白石（宮城県）、松江などの製糸工場がこの時点でまだ残っているのがわかる。蚕種製造所も八カ所で稼働していた。一方、メリヤス肌着、レースなどの繊維製品、回転蔟《まぶし》（蚕に繭を作らせるための用具）から、製糸業に全く関係のない醤油工場まで、製糸以外の七つの工場を所有していたことが記載されている。

また、製造現場とは別に、文化を重んじる伝統からか、戦前から東京・京橋にあった本社ビル（一九二二年竣工）には、映画美学校の試写室が長らくあったが、近年再開発に伴い建て替えられて、試写室は渋谷に、片倉工業の本社は同じ中央区の明石町に移転した。この試写室では、数多くの映画の試写会が開かれたので、マスコミ関係者だけでなく、一般向けの試写会のチケットを手に入れてこの試写室に通った方も少なくないであろう。

上／岡谷蚕糸博物館　下／旧片倉本社ビル

また、かつての繰糸機製造部門はその後、機械電子事業部となって、現在では制御バルブなど自動車部品、工業計器の製造に生かされている。

単なる偶然かもしれないが、現在の片倉工業の筆頭株主は、二番目のランナーである「三井物産」となっている。

富岡以外で見られる片倉の遺構

創業時の建物のいくつかが完璧な形で残る富岡製糸場は別格としても、片倉工業の「製糸」の痕跡は、まだ全国で見ることができる。

富岡製糸場が操業を停止した一九八七年からさらに七年間製糸工場として、最後の火を灯し続けた熊谷工場の跡地は、イオングループのショッピングセンターになっており、片倉最後の製糸工場であったことを記念して、敷地内にかつての繭倉庫を利用した片倉シルク記念館として、多様な繰糸機や操業時の写真など多くの資料を展示している。富岡製糸場の閉鎖時に働いていた従業員のいくらかはそのまま熊谷工場へ配置転換となり、この工場が最後の現場となった。その意味では、富岡と熊谷は、片倉を通して深く結びついていると言えよう。

同じ埼玉県では、加須市と大宮市(現、さいたま市)にも片倉の製糸工場(大宮工場は戦時中に軍需工場に転換)があったが、こちらもともにショッピングセンターとなっている。

さいたま新都心の「コクーンシティ」の北東に隣接する形で、県立大宮高校があるが、これは片倉工業が設立した「片倉学園」が前身である。また、「大宮」の名の発祥である武蔵国一宮の氷川神社の三の鳥居は、社長を務めた今井五介による寄贈であり、今もその名が鳥居に刻まれている。また、五介の次男、今井五六は初代大宮市長も務めている。

東京・八王子市には、以前片倉工業八王子製糸所であった頃の工場の建物が、消防車製造工場として今も現役で使われている。この前身は、一八七七年操業開始の萩原製糸場。一時は、富岡製糸場を上回る大規模な製糸工場となったが、経営が傾き、一九〇一年に片倉製糸に売却。第二次大戦中まで製糸を続けていたが、横浜・鶴見にあった消防車工場がこの地に疎開移転。以降は、片倉工業の子会社として戦後一貫して消防車の製造を手掛けている。道路を挟んで工場の反対側には、越屋根を乗せたいかにも繰糸工場であったであろう名残の建物が、現在も社員寮として使われており、ここに製糸場があったことを偲ばせる。

片倉の企業城下町「松本」

さらに、片倉工業の一大拠点であった長野県松本市の中心部には、カタクラモール（現在は閉鎖、再開発の予定あり）というショッピングセンターの周りに、戦前の片倉工業の建物が残されている。西に隣接するカフラスは片倉工業の子会社で一九二九年の建築、南側にある片倉工業生物科学研究所は旧片倉製糸紡績の蚕業試験所で、一九三六年の建築である。一時、解体の動きもあったが、地元住民の保存活用の声に応えて、現在では保存される方向となっている。

松本には、片倉ゆかりの施設が他にも多く残る。松本と新潟県糸魚川市を結ぶＪＲ大糸線の前身、信濃鉄道の建設の中心となって尽力したのは片倉であった。また、野球の強豪として知られる

今井五介（提供：国立国会図書館）

松商学園高校は、財政難に陥ったおり、当時、松本製糸所の所長であった、のちの二代社長今井五介ら片倉が支援をし、学校の運営にも携わって、再興に力を貸した。現在も残されている一九三六年竣工のクラシカルな校舎（国の有形文化財に登録）は、片倉工業の技師が中心となって設計している。

日本銀行の長野県内の唯一の支店が県都長野市ではなく松本にある（日銀の県庁所在地以外の支店は、釧路、函館、北九州、下関のみ）のも、旧制高校（松本高等学校、現在の信州大学）が全国で九番目にやはり長野市を抑えて誘致されたのも、松本商業会議所の会頭を三四年にわたって務めた今井五介の功績があってのことであろう。創業地の岡谷以外で様々な足跡を残している片倉の展開力の象徴である。

上／旧八王子製糸所の寮の建物　中／旧生物化学研究所　下／松商学園校舎

Column #5

幻のピアノ

岡谷の蚕糸博物館のコレクションに、あるいは富岡製糸場の展示品の中に、もしあったらいいなと思えるものがある。それは、創業時の技術指導者であるフランス人技師ポール・ブリュナ夫人が製糸場内で弾いたと思われるピアノである。

一八七三年六月、明治天皇の妃である昭憲皇太后と孝明天皇の妃である英照皇太后が製糸場の視察に行啓されたが、その際、ブリュナ夫人のピアノ演奏を聴いたことが記録に残されている。

ブリュナの妻エミリは、父が作曲家、母がオペラ歌手という音楽一家。製糸場の建設が決まり、ブリュナが資材や繰糸器の調達のため一時フランスに帰国した折に結婚し、日本に戻ってきた際に同行している。富岡での新婚生活は、ブリュナが日本を離れるまでの四年あまりに過ぎないが、この間に夫妻は二人の子どもを儲けている。わずか十九歳で、パリから富岡に来たエミリの寂しさと無聊をそのピアノは慰めてくれただろうし、時には彼女が弾くピアノの調べは、工女たちの耳朶《じだ》にも届いたことだろう。

エミリが持ち込んだピアノと同型と思われるピアノ
（ピアノプラザ群馬提供）

夫妻は出国の際に家財を競売にかけた。その記事が一八七六年一月の居留地に住む外国人向けの新聞「L'ECHO DU JA-PON」に掲載されている。その競売品リストに、夫人が持ち込んだと思われる、プレイエル社（フランス）のグランドピアノとスタインウェイ社（アメリカ）のアップライトピアノも載っている。しかし、これらが誰の手に渡り、いまはどうなっているかは現在もわかっていない。高崎市の楽器販売会社の経営者が興味を持って探しており、もし見つかれば、繰糸器や水分検査器といった、製糸に直結した資料ではないものの、逆に富岡製糸場の草創期の場内の様子を具体的に伝える史料として、貴重な文化遺産となろう。

　スタインウェイ社のアップライトピアノは、ほぼ同じモデルと推定できる一八七四年製のピアノが現存し、二〇一六年五月に群馬経済同友会の総会イベントで演奏されている。

エミリの父がオルガニストを務めたパリ・マドレーヌ教会

　エミリの父、アルフレッド・ルフェブール＝ヴェリーは、パリの著名な教会であるサン・シュルピス教会やマドレーヌ教会などのオルガニストでもあり、組曲『動物の謝肉祭』や歌劇『サムソンとデリラ』などの作曲で知られるサン＝サーンスの指導者でもあった。経営的な視点とは別に、富岡製糸場は日仏の意外な文化的な接点を持つ現場としてももっと知られていいのかもしれない。

　なお、ポール・ブリュナとエミリの父、つまりブリュナの義父ルフェブール＝ヴェリーはともに、パリで最も有名な墓地で多くの著名人が葬られているペール・ラシェーズに眠っている。義父の墓に、ブリュナの骨も一緒に納骨されているのである。

ポール・ブリュナ夫人のエミリ
（提供：川島瑞枝）

第五章

世界遺産への道のりと今後の課題

ランナーたちの共通点

以上、駆け足で官営と以後の民間三社の企業の特徴と経営者の人となりを見てきたが、このうちの一社でも欠けていたら、富岡製糸場は今に残ることはなかったことを考えると、所有期間の長短を問わず、それぞれが時代と向き合いながら、製糸場の保存という意味では、結果として最適の選択肢をしたことが理解できる。

片倉工業は、世界遺産登録直後、新聞紙上で一ページ全面となる大きな広告を打った。そこには、「一緒に過ごした時間を誇りに思います。ありがとう。」の文字が大きく躍っていた。そして、それは、かつて富岡製糸場を経営していた企業の経営者にも共通する思いであったことだろう。

ここで、もう一度、官営も含めた四つの企業体がなぜ富岡製糸場を守り抜くことができたかを考えてみたい。

設立時の富岡製糸場の性格を一言で表すなら、「官立工科大学」あるいは、「国立技師養成大学校」であったといえるであろう。設立の目的が、その工場単独でより多くの良質の生糸を生み出すことではなく、「模範」工場として、世界の最先端の技術をマスターし、それを日本各地に広めることにあったからである。明治維新の恩恵をあまねく全国に紹介し実践できるような「新政府のプロパガンダ」機能を色濃く持っていたとも言える。

製糸の作業には、言うまでもなく原料となる繭が不可欠であるが、輸送網が今日ほど発達していなかった当時、できるだけ多くの地で桑を栽培し、それぞれの農家が蚕を育てて繭を作り、その近くに製糸工場を造ることが必要であった。そのためにも、技術の全国への移転は欠かせないプロセスであり、その「教え人」を養成する「教員養成」が富岡製糸場に課せられた使命だったのである。このことは、富岡製糸場にある種独特の役割、あるいは風格ともいうべき雰囲気を与えることになった。そして歴史が長くなればなるほど、その風格が増し、数ある製糸工場の中でも他にはない物語を紡ぎだすようになった。

三社にとっては「非・主力事業、非・主力工場」であった不思議

その一方、今でこそ「世界遺産」の冠がもてはやされる富岡製糸場であるが、保有していた組織にとって、経営上富岡製糸場はどうしても欠かせないほど重要であったかというと実はそうではない。

官営の時代、明治政府は多くの工場や鉱山を抱えていて、決して富岡製糸場だけが突出して重要だったわけではない。むしろ、国が重要だと考えた軍事関連施設（のちに横須賀海軍工廠となる横須賀製鉄所もその一つ）や兵隊・兵站《へいたん》の輸送に必要な鉄道は、国の直営であり続けた。鉄道などは、日本鉄道（上野～前橋・青森など）や山陽鉄道（神戸～下関）の例を出すまでもなく、払い下げとは逆に民営で始まった国土の主要幹線網をのちに国が傘下に収めている。そして払い下げがうまくいかなかったこともあって、一時は富岡製糸場は国にとっては完全にお荷物の施設であった。世界遺産

登録を果たした今から振り返ると、隔世の感がある。

三井にとっても、企業グループ全体の優先順位で行けば、銀行であり、商社であり、炭鉱であって、製糸場はその次であった。

原合名会社は、良質の生糸の確保のために富岡製糸場を通して繭の品質改良に力を注いだ。蚕種⇒養蚕⇒製糸⇒生糸の輸出という川上から川下まで一貫した供給体制を敷いた、その要に富岡製糸場を置いたという点では、会社にとって重要な施設であったことは間違いない。とはいえ、原輸出部が取り扱ったのは、自社の生糸だけでなく、全国各地の大規模な製糸会社から集められた生糸であり、全体の取扱量のうち、富岡製糸場産の生糸が占める割合はそれほど多くなく、本業の生糸貿易という点では、富岡製糸場のウエートはそれほど高いわけではなかったといってよい。

片倉工業は製糸業が本業で、なおかつ富岡製糸場は規模の大きな工場の一つではあったが、他にも大宮、仙台など重要な製糸工場は複数あったし、最後まで操業を続けたのは熊谷工場であったことなどを考えると、シンボルとしての意味合いはあっても、実際の稼ぎ頭としてきわめて大きな位置を占めていたとまでは言えない。

しかし、逆にこのようにそれぞれの会社の事業における「本丸＝最重要施設」ではなかったことが、バトンタッチという意味では、うまく次につなげていけたというメリットがあったかもしれない。ある時点で見切りをつけて次に譲ろうという動機となったからである。そして、そのことが結局、建物をオリジナルの形で守ることにつながったと言えるのではないか。

健全なうちにバトンタッチ

また、官営時代も含め、所有者の財政状態などそれぞれの企業が財務的にも業務的にも健全と言えるうちに次につなぐことができた、いや健全な範囲内に収まっていたからこそ、次の走者にもそのバトンをうまく受け取らせることができたのではないかという推察が成り立つ。

どのバトンタッチの際も、前の走者が青息吐息で倒れこむような引き継ぎをしたケースはない。「潰れるからその前にお荷物を厄介払いした」ということではなく、会社の方針として譲渡・売却へと舵を切り、その方向に従ってバトンを渡したに過ぎないのである。

「生糸」は、投機性の高い商品であり、価格が海外のマーケットの動向や繭の出来具合などによって大きく左右されるリスクの高い取扱品であった。生糸相場の乱高下による経営の不安定さは、生糸貿易商、製糸会社、生糸を主たる取扱品とする銀行など、関連する会社や組織の倒産や廃業を多く引き起こした。

戦前の大手の製糸会社で現在も生き残っている会社は片手で数えるほどしかなく、片倉製糸紡績を除けば、せいぜい「郡是製糸」くらいである。「東の片倉、西の郡是」と謳われた郡是製糸は、京都府何鹿《いかるが》郡の「郡の方針＝郡是」として、郡の中心にある綾部町（現、綾部市）に設立された製糸会社で、戦前は西日本を中心に片倉同様数多くの製糸工場を経営した。戦後は、ポリエステルなど合成繊維に進出し、肌着・下着のメーカーとしても知名度を高めた。「グンゼ」とカタカナになった現在の社名からは、製糸会社が出自だということはほとんどわからなくなっている。

このように、結局、東西の両横綱以外の製糸会社は、そもそもほとんど存続すらできなかった中で、最終的にその片倉製糸紡績に落ち着く形でバトンが手渡されてきたことが、富岡製糸場のオリジナルの建物での存続に大きく寄与した。結果として幸運なリレーであったと言ってよいだろう。

なぜかほとんど顔を出さない群馬県人

養蚕県といってよい群馬県の象徴として、富岡製糸場の世界遺産登録は、多くの上州人に歓迎された。ところが、これまで見てきたように、富岡製糸場の経営者にも現場の責任者たる工場長にも、地元の群馬県出身者はほとんどいない。

操業までの立役者がほとんど埼玉県出身者であったことはすでに述べたが、官営時代の責任者の尾高惇忠も速水堅曹も埼玉県人であった。三井は、もともと松坂出身の商人で、東京と京都が商売のベース、益田孝の出身は佐渡、中上川彦次郎と津田興二は大分の中津出身である。藤原銀次郎は長野、小出収は島根、やはりここにも群馬県人の姿は見えない。

原時代も同様だ。原合名の出自は、富岡からほど近い神流川沿いだが、上州ではない。それを岐阜出身の原三溪が継ぎ、会社の本拠地は一貫して横浜だった。片倉のルーツも信州で、事業のベースは昭和になって東京に移った。

このことと実は関係があると思われる富岡製糸場の不思議の一つに、富岡周辺には器械製糸工場があまり立地しなかったということがある。官営の模範工場ができたのなら、次第にその周囲に技術移転を受けた同様の工場ができても不思議はないのに、器械製糸が発展したのは、信州・諏訪地方であり、愛知県の豊橋周辺であった。もちろん、大正期以降、前橋や高崎などには器械製糸の工場がいくつも立地したが、群馬県の養蚕地帯で優勢だったのは、農家が結社をつくり、製品の質を高めて、結束して横浜に荷を送った「組合製糸」である。

世界に冠たる製糸工場が休むことなく稼働し続けた上州の地に、富岡製糸場を企業人として所有する人物は現れず、目の前の器械製糸工場に発奮して、それに負けない巨大器械製糸工場を建てようとしたチャレンジャーもほとんど存在しない。それでいて、特に戦後になって多くの地域で養蚕・製糸が廃れ、農家は果物栽培などに切り替え、企業家は精密機械や化学繊維などへと業種転換していったにもかかわらず、群馬県は最後まで養蚕の灯が消えゆくのを何とか阻止しているようにみえる。

この奇妙なねじれ現象は、富岡製糸場が群馬県内だけで完結する経済サイクルとは全く異なる空間で操業され続けたことを物語っている。

生糸は、横浜から海外へと直結し、製品が地域に多く還流するどころか、富岡市民や群馬県民には手の届かないところで商いされていたという歴史こそが、富岡製糸場の顕著な特色であり、ユニークな企業による経営を可能にした。

そういう意味では、富岡製糸場は、地域に根差した地場産業である以上に、地域の人脈や論理を超えたところに存在する事業所だったということができる。コスモポリタニズムといってもよいような企業論理が、富岡製糸場の性格をよく表しているのかもしれない。

貴重な群馬県人

そんな中、工場長にまではなっていないが、三井と原の二代にわたって、富岡製糸場で重要な役割を果たした上州の人物を一人見つけることができた。古沢十三郎（誠庵 一八七三〜一九四六）である。十三郎の叔父、古沢小三郎は、富岡の戸長、のちに町長を務めた家柄で、十三郎は、富岡製糸場の創業の翌年、ちょうど昭憲・英照皇太后らの行啓があった一八七三年六月に、古沢家の新宅に生まれ、学問好きの子として育った。富岡製糸場が国の手を離れ、三井に払い下げられてしばらくして製糸場に勤務するようになり、藤原銀次郎が工場長になってから彼に抜擢され、わずか二四歳の頃に幹部へと取り立てられた。一八九七年二月に赤レンガの工場をバックに、藤原と古沢が一緒に写った写真が残されている。

製糸場が原合名の手に渡ってからも引き続き製糸場に勤務、その三年後に、原合名の本社、すなわち横浜勤務となり、家族揃って横浜に移り住んでいる。一九二四年の原合名会社の職員の一覧には、文書係主任店員となっており、二〇年近く後も本店で働いていることがわかる。詩画や美術に造詣の深かった原三溪の影響を受けたのか、次第に自分も絵筆を執るようになっていく。誠庵はそれ以降の「号」で、多くの作品を残した。なお、叔父の古沢小三郎は、北甘楽製糸会社

（のちの組合製糸の南三社の一つ、甘楽社の前身）の社長も務めている。

原時代に津田興二の後を継いで所長になった古郷時待も、古沢と同様のちに本店で活躍していることを考えると、三井同様、原合名にとっても、富岡製糸場は本店を任せる「人材育成」の役割を担っていたであろうことにも思いが至る。

このように、県内出身者が富岡製糸場の枢要な地位を占めたケースはほかにもあると思うが、それでも経営者と工場の責任者には、戦前には群馬県人が一人もいなかったという事実は、「全国区型」という富岡製糸場の性格をよく表しているように思う。

海外を見た人、見ない人

生糸が輸出商品であったこと、また富岡製糸場の価値が「技術の交流」にあったことなどから、製糸場の経営やバトンタッチにかかわったり影響を与えたりした人物には海外を見聞した経験のある者が多い。これまでも、それぞれの章で触れているが、ここであらためてわかっている人物について、年代順にまとめてみよう。

一八六〇年　小栗上野介　幕府の派遣使節の随行者としてアメリカから東回りで世界一周。慶応義塾の創立者福沢諭吉も往路は同行している

一八六三年　　益田孝　　幕府フランス派遣に同行
一八六七年（〜六八年）渋沢栄一　徳川昭武パリ万博派遣に同行（その後も何度か外遊している）
一八七四年（〜七七年）中上川彦次郎　小泉信吉とともにイギリス留学
一八七六年　　速水堅曹　アメリカ・フィラデルフィア万博で審査員に

このほか、初代片倉兼太郎、今井五介ら片倉の経営者たちも海外渡航経験が豊富である一方で、原三溪だけは、例外的に一度も海外へ出かけていない。生糸貿易に携わり、会社では海外にいくつもの支店を置き、タゴールやフリーアと交流を持ち、時間もお金もあったにもかかわらずである。

『原三溪翁伝』に、著者の藤本実也が三溪の死後、家族にその辺りの事情を聴いたインタビューが掲載されている。

（藤本）（翁は国内の）旅行はお好きでございましたでせう？
（春子夫人　※三溪の長女、西郷春子）旅行は毎年出掛けていましたが、…亡くなります前二年程を除きましては旅行に出なかった年はございません。
（原氏　※三溪の次男、良三郎）生糸検査所の芳賀さん（横浜生糸検査所の芳賀権四郎所長）が聞かれたことは原さんはあれだけの事業が広がつてゐるのに外国へ行かれないのはどうしてかと聞かれた。さうしたら私は素人だから行つて商業を視察して来ても大した事はない、それよりも若い役に立つ人を遣った方が宜いとのことで非常に感心したと言はれましたが…

実際、長男善一郎は、アメリカへも欧州へも渡航しており、岡倉天心、美術評論家の矢代幸雄、美術商で懇意にしていた野村洋三など、三溪の周囲には海外経験の豊富な知人友人が多かったことで、渡航の必要性を感じなかったのかもしれない。

初期の頃の視察者は、海外の文明の発展に驚き、少しでもその技術を取り入れることが日本の列強による植民地化を防ぐ方策だと考えた。生糸が実際に輸出されるようになってから渡航した者にとっては、日本の生糸が海外でどう評価され、どのような生糸が喜ばれるかを肌で感じる貴重な見聞となった。

そんな経験を自ら持たずに、生糸貿易の本業も製糸の副業も軌道に乗せた原三溪の経営能力には驚くばかりだが、自社の社員や実業での付き合いの中で集めた海外動向の知識を生かせば、経営判断を誤るようなことはなかったのだろう。

しかし、三溪はやはり例外であり、直接海外の進んだ文明に触れた者たちの危機感や渇望感が日本の産業の進展に、また地域との協同に大きな役割を果たしたように感じる。

「生糸」という国際商品を生み出し、流通させることで、日本は近代化と国際化の道筋を進み始めた、その象徴が富岡製糸場にかかわった人々の累々たる想いとして、今に残されていると考えることができよう。

そんな「国際感覚」の思いの詰まった富岡製糸場が「世界遺産」に登録されたことは、この工場が持つスケール感や欧米との文化・経済交流の成果が導き出したある種の必然だったと考えることもできる。

二一世紀、再び「官営」に

こうして官営から片倉まで四者によるリレーを概観したが、富岡製糸場の歴史はもちろん、これで終わりではない。二〇〇五年に製糸場は片倉工業から富岡市に移管され、四たび所有者が代わった。再び官営、今の言葉でいえば「公営」に戻ったのである。そして、公的機関の管理の下で、富岡製糸場は、工場としてではなく、産業遺産として教育・地域振興・観光資源の役割を担うとともに、そのシンボルとなる称号を「世界遺産」に求めることになった。これまでは、伝統やプライドを「守る」ことが主眼だったのが、栄冠を勝ち取る「戦い」に参入することになったのである。

群馬県の蚕糸関係者の間ではよく知られているように、富岡製糸場の世界遺産登録のきっかけをつくった人物の一人は、県の職員でのちに前橋市の副市長を務めた大塚克巳氏である。一九七〇年に東京農工大学工学部製糸学科を卒業して群馬県庁に入った大塚氏は、製糸工場の技術研究開発と指導の業務を行う中で、当時まだ操業していた片倉工業富岡工場の赤れんがの姿を見るたびに、今も世界の製糸業をリードする姿に感動を覚え、その印象が強く刻みつけられた。県の特別政策本部の部長に在職中、当時の知事に世界遺産構想を進言している。

それを受け、二〇〇三年八月、現在の大沢正明知事の前任に当たる小寺弘之知事が四期目のスタートを切るにあたって、富岡製糸場の世界遺産構想を発表、ここに公式に県が主体となって世界遺産登録運動に邁進することが内外に表明された。

東京農工大の同窓会の機関誌である『農工通信八一号』（二〇一〇年十一月発行）の「同窓生からの寄稿」欄に大塚氏の「富岡製糸場を世界遺産に」と題した文章が載せられており、その中で、構想提案時には、県議会などでも、「世界遺産には絶対にならない」という意見が多かったことが記されている。しかし、県の方針はぶれることなく、一歩一歩、登録への道筋を上り始め、二〇〇四年四月には世界遺産登録に向けた専門部署である企画部新政策課世界遺産推進室（のちに、世界遺産推進課へ改組、現在は世界遺産課）を設置、近代化遺産、産業遺産に詳しい松浦正隆氏を責任者に据え、登録に至るまで一〇年間、小寺知事の四期目の任期が終わり、次の知事にバトンタッチされてからも、人事異動をさせずに松浦氏に世界遺産登録への具体作業の舵取りを任せた。

一方、富岡市でも製糸場の所有者となってからは、やはり世界遺産専門の部署を設け、県とともに登録への具体的な作業を進めていった。

登録の構想を発表してからユネスコの世界遺産暫定リスト記載まで四年、登録までさらに七年という歳月は、おおむね順調な足取りだったといってよいだろう。

当初は、一定期間だけの限られた公開だった富岡製糸場は、二〇〇五年から常時公開されるようになり、二〇〇八年からは有料となって毎正時ごとのボランティアガイドも行われるようになった。

こうした取り組みが比較的順調だった要因は、群馬県にとって蚕糸業は他県で衰退していく中でも遅くまで産業として残っていたため、蚕糸業を扱うセクションが県庁内に置かれ続けていたこと、特に「絹主監」という他県には例を見ない役職があり、蚕糸業の情報収集や業界団体をまとめることができたこと、製糸技術センターは廃止になったものの、蚕糸試験場は「蚕糸技術センター」と名を変えて存続するなど、県の中にまだまだ蚕糸業を支える体制が残っていたことは、有形無形の強みであったと思われる。

研究者の存在

話を操業停止以降に戻すが、保存や保護の話が持ち上がってきたときに、富岡製糸場の学術的意義、近代化遺産としての重要性をきちんと指摘できる研究者がいたことは、富岡製糸場の保存や世界遺産登録にとって、きわめてプラスに働いた。その中でも、国立科学博物館の故清水慶一氏と、富岡市の今井幹夫氏の存在は欠かせないものであった。

清水慶一氏は、日本近代建築史の研究者で、一九九〇年、全国に先駆けて行われた群馬県の「近代化遺産総合調査」を担当、富岡製糸場をはじめ、旧碓氷社本社や新町紡績所などを実際に調査し、その価値に気づき、保存の重要性を説いてまわった、いわば絹産業遺産に注目した先駆者である。飄々《ひょうひょう》とした人柄ながら、近代化遺産への情熱はきわめて熱く、その後も研究や保存のために群馬に通い続けた。

富岡製糸場の世界遺産登録への動きが起こると、率先して調査や会合に参加、まさにその理論的支柱として有識者の中心であり続けたが、世界遺産登録への道筋が見えてきた二〇一一年に病気のために六十歳で世を去った。学者の中では、富岡製糸場と絹産業遺産群の世界遺産登録を最も喜んだ人物であったはずである。

一方、富岡製糸場総合研究センターの所長である今井幹夫氏は、清水氏とは逆に生粋の群馬人である。群馬県南牧村に生まれ、群馬大学から富岡市の小学校などで教鞭を執り、『富岡市史』や『富岡製糸場誌』の編纂をはじめ、四〇年にわたって地道に富岡製糸場の歴史を研究し続ける、まさに「富岡製糸場の生き字引」と呼んでもどこからも異議が来ない泰斗である。

模範工場といいながら、富岡製糸場の技術は全国に必ずしも広まらなかったとの言説が学会にもあったが、今井氏は富岡製糸場が全国各地の器械製糸の種を蒔いたことを証明する資料を発掘し続けた。世界遺産登録の話が持ち上がった際、今井氏の研究の積み重ねがなければ、ユネスコへの推薦書は書けなかったであろう。

こうした研究者が行政の内外にいて、緊密な連携が図られたからこそ、保存への道筋と世界遺産登録への理論武装が可能になったことを考えると、今後もまだまだ解明すべき部分も少なくない富岡製糸場の研究を引き継ぐ人物が望まれる。

活発な民間団体の活動

二〇一五年九月三十日、ＡＮＡインターコンチネンタルホテル東京で、富岡製糸場の広報・普及活動を行う市民団体の様子がスクリーンに映し出された。会場を埋め尽くした人々は、前年に世界遺産に登録された「富岡製糸場と絹産業遺産群」の陰に、こうした市民の活動があることを初めて知ることとなった。

これは、毎年サントリー文化財団が選定する「サントリー地域文化賞」の授賞式の様子である。地域文化の発展に貢献した個人・団体を表彰する権威ある賞は、この年までに三七回を数えるが、群馬県の関係者での受賞は今回が二度目、団体の受賞は初めてのことであった。

受賞したのは、「富岡製糸場世界遺産伝道師協会」。設立されたのは二〇〇四年、群馬県が世界遺産登録に名乗りを上げた翌年である。伝道師の養成講座を受講し、めでたく「伝道師」の称号を得た人たちにより結成され、現在では三〇〇人近くの会員数を数える。週末を中心に主にパブリックスペースで、富岡製糸場と絹産業遺産群の内容の紹介や世界遺産登録運動への理解促進などのために、チラシを配ったり、ポスターを展示し、見に来た人に詳しく説明をしたり、座繰り製糸の実演をしたりという活動を続けてきた。すべて、ボランティアで手作りの活動である。

特定の観光地や施設のボランティアガイドは全国に数多く組織されているが、この伝道師協会は特定の施設と結びついている団体ではない。富岡製糸場には、製糸場内を案内するボランティアガイドがいるし、現在では、世界遺産の構成資産である「高山社跡」にも「田島弥平旧宅」、「荒船風穴」にもそれぞれ同様のガイドがいる。しかし、伝道師協会の会員は、県内であれば、高崎駅や桐生の青空市（買場紗綾市）、ショッピングモールの中などのスペースで活動を続けてきたのみならず、時には東京などへも足を延ばし、世界遺産への登録に向けた広報活動を行ってきた。今でこそ、メディアの力で、富岡製糸場のネームバリューも高まったが、始めた頃は、富岡製糸場の基本的な説明から始まり、世界遺産に登録される意義や可能性について、一から説明をしなければならなかった。しかし、大半の人たちが富岡製糸場の世界遺産登録には懐疑的で、喧嘩腰で「世界遺産になんかなれるわけないだろう。そんなに力説してなれなかったら責任を取れるのか？」といったような心ない言葉を浴びせられることもたびたびであった。一方で、群馬に限らず埼玉や神奈川など近隣の県では、年配の方であれば養蚕の記憶のある方も少なくなく、そんな昔話を聞くことにもなる広報活動であった。

製糸場の地元の富岡市には、長い活動の歴史を有する「富岡製糸場を愛する会」が、場内の清掃などやはり地道に遺産に寄り添う活動を続けてきていたなど、こうした市民の活動が行政の登録運動との両輪となってきたことが、富岡製糸場の世界遺産登録運動の大きな特徴である。

また、世界遺産登録を目指すという「宣言」があったあと、富岡市も群馬県も行政のトップが選挙で入れ替わったが、前任者の政策を見直すことが多い中、世界遺産への登録の道筋だけは消されることなく、引き継がれてきた。これも、他県の例を見れば、例えば山形県の知事が代わったとたん、「最上川流域の文化的景観」の世界遺産登録への動きが白紙に戻ったように、稀有なことであった。

上／「サントリー地域文化賞」授賞式に臨んだ富岡製糸場世界遺産伝道師協会のメンバーら　下／地元のイベントで広報活動に励む伝道師たち

地元メディアの役割

世界遺産登録運動において、地元の上毛新聞社の果たした役割も見逃すわけにはいかないだろう。もちろん、新聞社側にとって、世界遺産登録の運動が盛り上がり、様々なイベントが行われることは、それ自体が「ネタ」になり、紙面を埋められるメリットがあるため、地元のローカルテレビ局や新聞社が世界遺産の登録運動に力を入れるのは、群馬県に限らずどの地域でも当然見られることではある。しかし、上毛新聞社は、いくつかの点で登録運動のオピニオンリーダーの役割を「地域メディアの最低限の義務」を超えて、積極的に取り組んできた。

一つは、群馬県において上毛新聞のウエイトがきわめて高いことである。一般の道府県であれば、最低でも二局、多ければ五局の県域民放テレビがあるが、群馬の場合、関東広域圏に属するため、県の出資が大きいＵＨＦ局の群馬テレビ一つしかない。歴史の長さや影響力からいっても、群馬県では上毛新聞社が最も有力な地域メディアであり、そこが正面から世界遺産登録運動を継続的かつきめ細かく取り上げた影響や効果はきわめて大きかった。

具体的には、一〇年以上にわたって「21世紀のシルクカントリー群馬」キャンペーンを大々的に張り、紙面で関連する特集記事を連載するだけでなく、シンポジウムなど様々なイベントを主催したり、シリーズでシルクに関連する叢書を発刊したりと、その積極性は目を見張るものがあった。行政の担当者も、伝道師協会のような民間団体の方々も、自分たちの活動が翌日の新聞に写真入りで掲載されれば励みになる。「世界遺産なんかになりっこない」という県民の意識を次第に変えていったのも、メディアの果たした大きな役割であった。

また、その取り上げ方も、世界遺産の候補だけを取り上げて、ほかの絹関連の話題を無視するのではなく、むしろ、「絹産業遺産」は、群馬県全体に広がる、近世・近代の文化の基底の象徴だという捉え方から、広範な話題提供や問題提起をし続けた点に、地域と向き合う地元紙の役割の原点を見た気がする。もちろん、それも「商売上のメリット」があったからだと言えなくもないが、日本各地の世界遺産登録運動の広がりが、県内のある地域に限定されたり、民間の意識が追いついていない実態を多く見てきただけに、地域メディアの文化への向き合い方という意味で、上毛新聞社が大きな役割を果たしたことは否定できない。先の項で述べた「サントリー地域文化賞」へのノミネートに際し、サントリー文化財団への推薦の主体となったのも上毛新聞社であった。

戦略の勝利

以上見てきたように、「民有」から再び「官有」となった富岡製糸場は、当面の共通目標ともいうべき、世界遺産登録を行政、市民、研究者らとの連携で達成した。

これは簡単なようで、実際にはかなり高いハードルである。実は日本の世界遺産登録、特に文化遺産の登録については、ここ一〇年間、つまり二〇〇七年以降、「問題なく登録された」という例は見当たらないからだ。

二〇〇七年に登録された「石見銀山遺跡とその文化的景観」は、諮問機関であるイコモス（国際記念物遺跡会議）の事前勧告では、「登録延期」であったが、ユネスコの世界遺産委員会の本番で、猛烈なロビー活動を展開し、「逆転」登録に漕ぎつけた。

二〇〇八年には、「平泉」がやはり構成資産の見直しも含めたイコモスからの「登録延期」勧告にもかかわらず、石見銀山と同様の逆転登録を目指して世界遺産委員会に臨むも、登録延期を覆すことができなかった。出直しに際しては、当初の構成資産をかなり絞って再挑戦、三年後の二〇一一年にようやく登録となった。この時に構成資産からはずされた「達谷窟《たっこくのいわや》」など四資産は、追加登録に向けて、予備軍のリストである「暫定一覧表」に名前を連ね、再び推薦される日を待っているが、かなり先になりそうである。

二〇一三年には「鎌倉」が世界遺産委員会での審議を受ける予定だったが、事前のイコモス勧告が、最も厳しい「不記載」の勧告だったため、審議を断念して取り下げた。もし、世界遺産委員会の本番でも「不記載」との結論になれば、二度と世界遺産への推薦がかなわなくなるためである。しかし、今のところ、再挑戦の具体的なスケジュールは決まっていない。

二〇一三年のもう一件の候補「富士山」は、構成資産の一つ、「三保の松原」が地理的に富士山から遠く、関連性が薄いとしてイコモスは外すように勧告、しかし、これも世界遺産委員会でのロビー活動により、なんとか全資産を構成要素とする登録に漕ぎつけた。しかし、保全の計画が十分とはいえず、二年後に新たな保全策を提出するよう求められた。いわば、条件付きの登録である。

上／富士山　中／達谷窟（平泉町）　下／遠賀川水源地ポンプ室（福岡県中間市）

さらに、二〇一五年の「明治日本の産業革命遺産」については、韓国・朝鮮人などの強制労働への言及が弱いことから当事者である韓国政府が登録に反発、事前の折衝でも完全な打開策には至らず、こちらも世界遺産委員会での厳しい水面下の交渉で、なんとか登録を勝ち取った。しかし、外交問題にまで発展したこの事例は、その後の「南京大虐殺資料」への中国の「記憶遺産」（世界の記憶）への申請や、韓国からの「従軍慰安婦資料」への申請にまで影を落とすことになった。

そして、二〇一六年に審議入りが予定されていた「長崎の教会群とキリスト教関連遺産」は、イコモスから「禁教の歴史」にコンセプトを絞ったほうが良いとの注文がつき、大型連休前後のイコモスからの正式な勧告を待たずに、その年の初めに早々と申請を取り下げることになった。次の登録は、早くても二〇一八年かそれ以降になる。

こうして考えると、「富岡製糸場と絹産業遺産群」は、顕著な普遍的価値のある物件を過不足なくリストアップし、万全の「傾向と対策」を講じて勝ち取った「戦略の勝利」ということが言えそうだ。もちろん、すんなりと世界遺産に登録されたことを「勝利」と断定するのは、長い目で見れば必ずしもそうは言いきれないという側面はあるかもしれないが、本来の遺産の価値とは別に、テクニカルな面で登録に右往左往してきた他の物件の状況を間近に見てくると、少なくとも登録直前に余計なエネルギーを費やしたり、物件の登録の可否が地域を分断しかねないような状況にならなかっただけでも、胸をなでおろしてもよい結果を引き出せたことは間違いない。

地元に課せられた重い役割

とはいえ、本当に真価が試されるのは、登録を勝ち取ったこれからである。富岡製糸場の所有者に課せられた課題は、「絹産業遺産群」全体も含めて、実に大きい。

まず、根本的な課題だが、登録を優先して四件に絞った構成資産が、登録への戦略とは別に、本当に価値あるもの、保護すべきものを網羅しているのかという問題である。

日本の絹産業遺産は、群馬県だけではない。本書で述べてきたように、利根川をはさんだ埼玉県にも、輸出の基地だった横浜にも、器械製糸が最も栄えた信州にも、多くの遺産が眠っている。これらは、世界遺産になっていなくても十分守られるのだろうか？　また、同じ群馬県内であっても、今更、これだけの観光資源となった富岡製糸場が知らないうちに消えていくことはありえなくとも、製糸場を支えた養蚕農家、「田島弥平旧宅」のような養蚕仕様の農家群は、景観という意味でも、これからも守られ続けていくであろうか？

また、「公営」となった富岡製糸場の保存一つとっても、人口五万人程度の自治体、しかもこれといった基幹産業が見当たらず、すでに人口減少が始まっている富岡市の財政で、どれだけ管理・保存・活用を図っていけるのか？

さらに、過疎化と高齢化が押し寄せることは間違いない地方都市にあって、「まちづくり」の観点から、製糸場をどのように位置付けていくのか？　地元に住む人たちが今後も税金をこれまで以上に負担してでも守りたいと思えるような長期ビジョンが打ち出せるのだろうか？

こうしたことに答えを出していくには、利潤を求める企業経営とは別の、そしてもっと高度な「解」に向けた取り組みが求められている。

そのためには、所有者となった富岡市単独ではなく、地域にある大学や企業も含め、地域全体の存続と発展を絡めて、富岡製糸場や関連する遺産のあり方を考え、行動に移していかなければならないだろう。

遺産観光に関する国際会議

遺産の保護と活用　新たな潮流

二〇一六年二月、奈良市の世界遺産、東大寺において、国連世界観光機関（ＵＮＷＴＯ）主催の「遺産観光に関する国際会議」が開かれたが、そこでは、世界遺産を持続可能な観光と結びつけられるような様々な取り組み事例が多く紹介された。

その中で出されたキーワードのうち、最近のトレンドといってよいのは、「ＤＭＯ」と「ＰＰＰ」である。

「ＤＭＯ」は、Destination Management Organization の略で、「着地型観光」と訳される。これまで旅行業と言えば、ある地域を拠点に、そこから離れた旅行先へと旅をアレンジする仕事だったが、最近は、地元に観光客を誘致して地域に貢献することが重要になってきている。それをマネージメントするのが、ＤＭＯである。富岡製糸場に即して言えば、富岡市など地元の人々が、自らが住む地域の魅力を対外的にアピールし、具体的に「見る」「楽しむ」「学ぶ」「食べる」「泊まる」ルートを売り込みつつ、その旅行全体をサポートし、実際に訪れた人をもてなすことにより、交流人口を増やしていく試みである。その核に、富岡製糸場がなりうるのは言うまでもない。

「ＰＰＰ」は、そういったアイデアを実現するために、Public-Private Partnerships つまり官と民が連携して受け入れていく協力体制を指している。「官＝Public」は、規制によって地域をコントロールする権限を有する一方、縦割りで地域を越えた連携ができなかったり、迅速に資金を投入できなかったりという制約がある。そうした弱点を「民＝Private」の力によって補い、これまでにない新たな活動ができないかという模索である。

富岡製糸場は、所有としては「官」のものになってはいるが、いうまでもなくそれはイコール市民全体のものという意味であり、その場合の「市民」は、富岡市民に限定されるのではなく、富岡製糸場に関心があったり、利害関係が生じうるすべての人、例えば訪れる観光客も含めての「市民」である。

世界遺産登録は、あくまでもこれからの保存・活用のステップのスタート地点に過ぎない。創業時から数えてまもなく一五〇年を迎えるという富岡製糸場が今に残された意味をどのように捉え、実践していくかが問われているのである。

「文明史」的な視点

富岡製糸場は、欧米で始まった「産業革命」の果実を移入した、技術国家日本のスタートに位置付けられる施設である。それ以降、日本では蚕糸業に限らず様々な産業分野で技術革新が進み、戦後は世界に冠たる経済大国・技術国家の座を手にした。しかし、その技術は狭くなった地球上を容易に移転するし、新たな技術は旧来の技術を凌駕し、すぐに陳腐化してしまう。最新鋭を誇った日本の繰糸技術も、化学繊維への代替や新興国への移転により、もはや動かぬ「産業遺産」になろうとしている。

序章で触れた福島県の富岡町は、科学技術の粋を集めた夢の原子力発電に依存することにより豊かさを手に入れたが、東日本大震災で暗転、発災から五年が過ぎた今も、町には誰一人戻ることができていない。

物言わぬ機械が沈黙を守る、かつて世界一と形容された富岡製糸場の繰糸場の静けさに身を浸すたびに、技術を過信したことにより無人と化してしまったもう一つの「トミオカ」のことがいつも胸に迫ってくる。

明治政府、三井、原合名、片倉という四者のリレーにより奇跡的に現在に残された貴重な遺構は、世界遺産に登録されるための「顕著な普遍的価値」だけでなく、人類が暮らしを向上させたいと願う気持ちと技術の進歩にどう折り合いをつけ、それを永続させられるかという問いを私たちに示すという意味でも、より深い価値を持って上州の地に立ち続けているように思えてならない。

おわりに

私は、二〇〇五年、「富岡製糸場と絹産業遺産群」の世界遺産への登録運動が群馬県で始まった直後から、あるときには間近に、またあるときには少し離れた地点から登録までの道筋を見守り続けてきた。富岡製糸場へも数え切れないほど通い、どのれんがにどんな刻印があるかを記憶するまで明治の建物と対話をし続けてきたし、世界遺産を切望する方々と交わる一方で、その運動を冷ややかに見ている人の思いにも触れてきた。

その間に、富岡製糸場は、今や群馬県の最大の集客施設となり、群馬県を説明する際に、これまでなら「こんにゃく日本一の県です」とか「草津や伊香保がある有数の温泉県です」と言っていたのが、「富岡製糸場のある県です」という説明でわかってもらえるほど、世界遺産への登録は状況を一変させた。

しかし、この製糸場の価値やそこに込められた先人たちの思いは、本当に観光客はもちろんのこと、県民にもきちんと伝わっているのだろうかという疑問めいたものは消えるどころか大きくなる一方であった。

富岡製糸場の歴史を、明治初期のポール・ブリュナや和田（横田）英だけでなく、一本の太い流れとして、これまであまり語られてこなかった三井や原合名時代も取り込んで辿ってみることで、見えてくるものがあるような気がしていた。それは、当代一流の人々がそれぞれの時代ごとにかかわり、思いを寄せ、バトンをつないできたという、当たり前と言えば当たり前の、しかし、辿ってみて初めてわかる、無数の挑戦と葛藤の集積のような塊である。しかも、それが単純なリレーではなく、時代を離れた人にも影響し合うような複雑な思想の伝播、継承であることも調査を重ねたことで感じることができるようになった。例えば、わが国の資本主義の生みの親である渋沢栄一は、設立時の責任者であったこと以外、富岡製糸場の正史には、ほとんど名前が登場しないが、三井にも原三溪にも片倉にも影響を及ぼし続けている。東京・飛鳥山にある渋沢史料館のアーカイブスをオンライン上で覗くと、渋沢栄一の関連項目として、富岡製糸場の出来事が近代日本の歩みの象徴として書き記されているのを見て取ることができる。

今回、二〇〇七年、二〇一四年に続いて、富岡製糸場について三度目の考察の機会をいただき、あらためてこの施設が一五〇年近くにわたって存在し続けてきた意味合いを自分なりに確認できた一方で、まだまだ分からないことが多く、空白の部分を資料や証言で埋めていかないと、この建物の真の意味合いは理解できないという思いも深まった。

再び「公営」となった富岡製糸場が今後どんなメッセージを発信できるのか、それは群馬県内の絹遺産だけではなく、全国の、あるいは世界のシルク文化との関連で考えなければならないし、また異なった「産業遺産」、例えば同じ時代に発展した国内の世界遺産「明治日本の産業革命遺産」とのかかわりという新たな視点からも、考察を深めなければならないだろう。

現在、富岡製糸場の西置繭所が創業以来初めての本格的な解体工事の対象となっており、巨大な人工の屋根に覆われて、建設途中の姿を垣間見せている。同様に、平成の大修理を終えて、二〇一五年に再び白亜の雄姿を現した世界遺産「姫路城」のように、富岡製糸場が外観だけでなく、その価値をも新たに生まれ変わらせるような姿で戻ってほしい、そんな思いを抱きながら、これからも間近に、そして時には少し離れた地点から、シルク・トレジャー＝絹の宝物と接していきたい。

最後にこの本の執筆に当たり、実に多くの関係者に資料を提供していただいたり、貴重なアドバイスをいただいた。お一人お一人お名前を記す紙面がないことをお許しいただくとともに、改めて深く御礼を申し上げたい。

主な参考資料

『商海英傑伝』瀬川光行、富山房、一八九三年四月

『慶應義塾出身名流列伝』三田商業研究会 編集兼発行、一九〇九年

『初代片倉兼太郎翁略歴』初代片倉翁銅像建設会、一九二九年

『日本蚕糸業史 第一〜第五巻』大日本蚕糸会、鳳文書館、一九三五年一二月

『近代蚕糸業発達史』明石弘、明文堂、一九三九年八月

『開港と生糸貿易』藤本実也、開港と生糸貿易刊行会、一九三九年

『片倉製糸紡績株式会社二十年誌』片倉製糸紡績株式会社考査課、一九四一年三月

『富岡製糸所史』藤本実也、片倉製糸紡績株式会社、一九四三年九月

『片倉工業株式会社三十年誌』片倉工業株式会社調査課、一九五一年三月

『郡是製糸六十年誌』郡是製糸株式会社、一九六〇年一二月

『中上川彦次郎伝記資料』日本経営史研究所編、東洋経済新報社、一九六九年一〇月

『三井事業史 資料編４下』三井文庫、一九七二年

『日産自動車社史１９６４〜１９７３』日産自動車株式会社、一九七五年一二月

『岡谷市史 中巻』岡谷市、一九七六年一二月

『富岡製糸場誌 上・下』富岡市教育委員会、一九七七年一月

『横須賀製鉄所の人々 花ひらくフランス文化』富田仁 西堀昭、有隣堂、一九八三年六月

『明治前期官営工場沿革－千住製絨所、新町紡績所、愛知紡績所－』岡本幸雄・今津健治編、東洋文化社、一九八三年一一月

『忘れ得ぬ人びと－矢代幸雄美術論集１』矢代幸雄、岩波書店、一九八四年二月

『赤レンガ物語』赤レンガ物語をつくる会編、あさを社、一九八六年四月

『誠庵の生い立ちと生き様』古沢昌雄、一九八八年三月

『中上川彦次郎の華麗な生涯』砂川幸雄、草思社、一九九七年三月

『工女への旅 富岡製糸場から近江絹糸へ』早田リツ子、かもがわ出版、一九九七年六月

『近代群馬の蚕糸業 産業と生活からの照射』高崎経済大学附属産業研究所編、日本経済評論社、一九九九年二月

『世界文明における技術の千年史』アーノルド・パーシー、監訳 林武、新評論、二〇〇一年六月

『明治初期の日伊蚕糸交流とイタリアの絹衣裳展』日本絹の里、第七回企画展図録、二〇〇一年九月

『益田鈍翁をめぐる九人の数寄者たち』松田延夫、里文出版、二〇〇二年一一月
『日本近代史を担った女性たち 製糸工女のエートス』山﨑益吉、日本経済評論社、二〇〇三年二月
『原三渓物語』新井恵美子、神奈川新聞社、二〇〇三年一二月
『皇后さまの御親蚕』「皇室」編集部、扶桑社、二〇〇四年一〇月
『富岡製糸場の歴史と文化』今井幹夫、みやま文庫、二〇〇六年九月
『日本のシルクロード 富岡製糸場と絹産業遺産群』佐滝剛弘、中公新書ラクレ、二〇〇七年一〇月
『シルクカントリー群馬の建造物史－絹産業建造物と近代建造物－』村田敬一、みやま文庫、二〇〇九年八月
『原三溪翁伝』藤本実也、思文閣出版、二〇〇九年一二月
『幕末・明治日仏関係史』リチャード・シムズ、矢田部厚彦訳、ミネルヴァ書房、二〇一〇年七月
『第三四回特別展 さいたまの製糸』さいたま市立博物館、二〇一〇年一〇月
『富岡製糸場事典』富岡製糸場世界伝道師協会、上毛新聞社、二〇一一年二月
『明治維新と横浜居留地 英仏駐屯軍をめぐる国際関係』石塚裕道、吉川弘文館、二〇一一年三月
『日本国の養蚕に関するイギリス公使館書記官アダムズによる報告書』富岡市教育委員会、二〇一一年三月
『日本銀行を創った男 小説・松方正義』渡辺房男、文芸春秋、二〇一一年五月
『蚕にみる明治維新 渋沢栄一と養蚕教師』鈴木芳行、吉川弘文館、二〇一一年九月
『平成二三年度 富岡製糸場総合研究センター報告書』富岡市、二〇一二年三月
『本庄市の養蚕と製糸－養蚕と絹のまち本庄－』本庄市教育委員会、二〇一二年三月
『小栗上野介忠順と幕末維新「小栗日記」を読む』高橋敏、岩波書店、二〇一三年三月
『富岡製糸場と絹産業遺産群』今井幹夫、ベスト新書、二〇一四年三月
『平成二五年富岡製糸場総合研究センター報告書』富岡市、二〇一四年三月
『世界遺産 富岡製糸場』遊子谷玲、勁草書房、二〇一四年七月
『官営富岡製糸所長 速水堅曹 生糸改良にかけた生涯－自伝と日記の現代語訳』、二〇一四年八月
富岡製糸場世界遺産伝道師協会歴史ワーキンググループ 現代語訳 飯田橋パピルス、二〇一四年八月
『速水堅曹資料集－富岡製糸所長とその前後記－』速水美智子編、内海孝解題、文生書院、二〇一四年九月
『幻の五大美術館と明治の実業家たち』中野明、祥伝社新書、二〇一五年三月
『史料が語る三井のあゆみ』三井文庫、吉川弘文館、二〇一五年四月
『尾高惇忠 富岡製糸場の初代場長』荻野勝正、さきたま出版会、二〇一五年六月

●人名索引

著者略歴

佐滝 剛弘（さたき よしひろ）

1960年愛知県生まれ。東京大学教養学部教養学科卒業。NPO産業観光学習館理事、高崎経済大学地域科学研究所特命教授、日本イコモス（国際記念物遺跡会議）日本委員。主な著書に、「旅する前の世界遺産」（文春新書）、「世界遺産の真実」（祥伝社新書）、「切手と旅する世界遺産」（日本郵趣出版）、「日本のシルクロード～富岡製糸場と絹産業遺産群～」（中公新書ラクレ）、「郵便局を訪ねて1万局～東へ西へ『郵ちゃん』が行く～」（光文社新書）、「それでも、自転車に乗りますか?」（祥伝社新書）、「観光地『お宝遺産』散歩」（中公新書ラクレ）、「国史大辞典を予約した人々」（勁草書房）、「世界遺産 富岡製糸場」（勁草書房）、「高速道路ファン手帳」（中公新書ラクレ）など。

赤レンガを守った経営者たち

二〇一六年（平成二十八）十一月二十五日 発行

著者 佐滝剛弘

発行所 上毛新聞社事業局出版部
〒三七一-八六六六
群馬県前橋市古市町一-五〇-二一
電話 〇二七-二五四-九九六六
http://www.jomonet.co.jp

印刷 藤原印刷株式会社

装幀 山崎つよし（コクシネル アンド カンパニー）

ISBN978-4-86352-167-4